WISSENSCHAFTLICHE ERGEBNISSE DER DEUTSCHEN ATLANTISCHEN EXPEDITION AUF DEM FORSCHUNGS- UND VERMESSUNGSSCHIFF »METEOR« 1925—1927
HERAUSGEGEBEN IM AUFTRAGE DER DEUTSCHEN FORSCHUNGSGEMEINSCHAFT VON A. DEFANT

BAND XVI — ERSTER TEIL

ERGEBNISSE DER AEROLOGISCHEN BEOBACHTUNGEN

DIE HÖHENWINDE ÜBER DEM TROPISCHEN UND SÜDLICHEN ATLANTISCHEN OZEAN

(MESSUNGEN DER DEUTSCHEN SEEWARTE BIS 1939 EINGESCHLOSSEN)

ERSTE LIEFERUNG, ABSCHNITT A

ALLGEMEINE STATISTISCHE BEARBEITUNG DER HÖHENWINDMESSUNGEN

VON

ERICH KUHLBRODT

MITGLIED DER EXPEDITION

MIT 14 TEXTABBILDUNGEN UND 17 TAFELN

BERLIN 1958

WALTER DE GRUYTER & CO.

VORMALS G. J. GÖSCHEN'SCHE VERLAGSHANDLUNG — J. GUTTENTAG, VERLAGSBUCHHANDLUNG — GEORG REIMER — KARL J. TRÜBNER — VEIT & COMP.

Gedruckt mit Unterstützung der Deutschen Forschungsgemeinschaft

INHALT

Vorwort

In Band XV des Meteorwerks, der im Jahre 1933 erschien, ist das aerologische Beobachtungsmaterial der Expedition in extenso veröffentlicht worden. Die Grundtabelle 26 auf den Seiten 135—192 gibt dort die Werte der einzelnen Höhenwindmessungen, und im Beilagenteil dieses Bandes sind die Pilotbahn-Projektionen und die beiden Strömungskomponenten der Einzelaufstiege, geordnet nach den einzelnen Fahrtprofilen, graphisch veranschaulicht worden.

Meine weitere Arbeit an den Ergebnissen der Höhenwindmessungen mußte ich in den nächsten Jahren zurückstellen, um erst den Meteor-Band XIV zu bearbeiten, der die Bordbeobachtungen der allgemeinen meteorologischen Elemente behandelt und der 1938 herausgegeben wurde.

Diese Verzögerung hinsichtlich des geplanten Bandes XVI brachte aber den großen Vorteil, daß es nunmehr möglich wurde, die von der Deutschen Seewarte weiterhin gewonnenen Höhenwindmessungen in die Verarbeitung miteinzubeziehen; es handelt sich dabei um zahlreiche weitere Messungen, deren Mitverwertung bei der Darstellung der Luftströmungen in der Höhe geboten war. Der Kriegsbeginn erschwerte die Arbeit am Meteorwerk, die für mich ohnehin immer nur sekundär neben aller hauptamtlichen Berufstätigkeit möglich war, noch mehr. Doch konnte ich 1940—42 dem Herausgeber Manuskripte der ersten beiden Lieferungen meines Beitrages zum Band XVI, welche das bis 1937 vorliegende Seewarten-Material einschlossen, abliefern. Diese Lieferungen wurden 1943 vom Verlag gesetzt, doch gingen dann der Satz und auch Teile der Druckfahnen und Reinzeichnungen bei Bombenangriffen in Berlin verloren. So gelangten damals die Lieferungen nicht mehr zur Veröffentlichung.

Für lange Zeit war es dann unmöglich und erschien hinsichtlich der Publikation auch hoffnungslos, die Arbeit an diesem Werk fortzusetzen. Einige Teilergebnisse konnte ich weiter erarbeiten, darüber vortragen und in Zeitschriften veröffentlichen. Aber die Hauptaufgabe blieb, die Ergebnisse des gesamten Beobachtungsmaterials in ausführlichen Tabellen und graphischen Darstellungen zu veröffentlichen, um sie für Wissenschaft und Praxis weiter nutzbar zu machen. Es handelt sich ja um einen großen mühsam erworbenen Materialschatz an Pilotballonaufstiegen von deutschen Schiffen aus.

Nachdem durch Vermittlung des Herausgebers, Prof. A. Defant, mir 1953 die Deutsche Forschungsgemeinschaft eine Sachbeihilfe zur Beschäftigung einer wissenschaftlichen Hilfskraft bewilligte, kam die Bearbeitung wieder voran. Es konnten nunmehr von dem Seewarten-Material, das bei der Zerstörung der Seewarte 1945 glücklicherweise gerettet worden ist, alle bis Kriegsbeginn 1939 gewonnenen Messungen mitverwertet werden, soweit sie aus dem von uns betrachteten Raum südlich von 20° Nordbreite stammen. Es wurden die Grundlisten neu hergestellt, mit über 7000 Pilotballonaufstiegen, und die Tabellen und graphischen Darstellungen erneuert.

Unser maritimes Höhenwindmaterial ist auch heute unverändert aktuell. Neuere Messungen nach 1939 wurden deutscherseits nicht gemacht, auch sind mir anderweitige Messungen (nach 1939), von Schiffen aus durchgeführt, aus dem hier betrachteten Ozeangebiet nicht bekannt (bzw. sind solche nicht in extenso veröffentlicht worden). Das für die Meteorologie grundlegende Problem der allgemeinen Zirkulation leidet noch sehr unter dem Mangel an direkten Beobachtungen aus dem weiten Gebiet des tropisch-subtropischen Ozeans. Die jetzt vorgelegte Bearbeitung der vom Atlantik in diesen Breiten vorhandenen Beobachtungen ist ein Beitrag zur Gewinnung der notwendigen quantitativen Daten.

Die Arbeit zu Band XVI (Erster Teil) gliedert sich in drei Hauptabschnitte, sie wird entsprechend in drei Lieferungen herausgegeben:

A. Allgemeine statistische Bearbeitung

B. Weitergehende Bearbeitung für ausgewählte meistbelegte Felder

C. Besprechung der Ergebnisse.

Mein Dank für Unterstützung gilt der Deutschen Forschungsgemeinschaft, ebenso den Herren, die im Laufe der Zeit (nacheinander) bei der Bearbeitung geholfen haben: Dr. Joh. Richter, H. Harries, W. Bromberg und F. Schilling.

Durch die Mitverwertung der durch die Deutsche Seewarte gewonnenen Messungen erhielt unsere Arbeit einen allgemeineren Charakter. Dieses Seewarten-Material hat die frühere Seewarten-Gruppe »Flug- und Höhenwetterdienst für See und Übersee« bewirkt und gesammelt; ihrem damaligen Leiter, meinem Kollegen Prof. Dr. H. Seilkopf, bin ich besonders dankbar für die jetzige Möglichkeit, bei der Bearbeitung eine wesentlich verstärkte Basis zu haben.

Dank schulde ich auch dem Seewetteramt (Hamburg) des Deutschen Wetterdienstes, dem ich angehöre. Das Seewetteramt — als maritim-meteorologisches Nachfolge-Institut der Deutschen Seewarte — war natürlich an der vorliegenden maritim-aerologischen Untersuchung interessiert; so erhielt ich im Amt manche Förderung und Erleichterung meiner Aufgabe.

Januar 1956

Erich Kuhlbrodt
Seewetteramt, Hamburg

Abschnitt A

Allgemeine statistische Bearbeitung

I. Umfang des verwendeten Beobachtungsmaterials

1. Das Expeditionsmaterial

Das Arbeitsgebiet der »Meteor«-Expedition war der tropische und südliche Atlantische Ozean. Besonders vom Südatlantik lagen bis dahin nur vereinzelt aerologische Messungen vor. Im Meteor-Band XV gibt Tabelle 26 auf S. 135—192 die Einzelmeßwerte der Pilotballonaufstiege; auf die textlichen Ausführungen in Bd. XV, S. 61—65, sei verwiesen. Höhenwindwerte unserer Drachenaufstiege (vgl. Bd. XV, Tab. 19, S. 69—75) sind nur insoweit herangezogen worden, als durch sie Lücken in dem sonst regelmäßigen Programm von täglich 2 Pilotballonaufstiegen (am Vor- und Nachmittag) ausgefüllt werden konnten bzw. wenn die Drachen größere Höhen erreichten als die Ballons. Da die Drachenwerte für die angegebenen Höhen unmittelbar gelten und nicht resultierende für die Höhenstufen der Piloten sind, wurden sie in letztere durch Mittelung der Grenzwerte angenähert übergeführt. Die Höhenwindwerte aus den Messungen des Cirruszuges (Bd. XV, Tab. 24, S. 82—84) wurden, soweit sie die Pilotaufstiege nach oben erweitern, gleichfalls mit verwendet (es wurde hierbei im einzelnen entschieden, für welche km-Stufe die Ci-Messung gilt).

Es ist der große Vorteil der Meteor-Expedition, daß bei ihrer langen Dauer die systematische Anlage von 14 langsam gefahrenen und durch häufiges Einlagern von »Stations«-Aufenthalten zeitlich verlängerten Profilen über den Ozean möglich war, so daß die Aufstiege in dichter Folge den Ozean von 20°-Nordbreite ab südwärts netzartig überziehen; vgl. in Bd. XV die Abb. 14 auf S. 51 (Verteilung der Pilotballonaufstiege des »Meteor«). Der Beobachter war stets derselbe (der Verfasser), die hierdurch gewonnene Übung wirkte sich auf die erreichten Höhen günstig aus. Nicht erreicht werden konnte bei dieser einmaligen Forschungsfahrt, daß für die verschiedenen Jahreszeiten ausreichend Messungen vorliegen. Aus diesem Grunde mußte, soweit möglich, alles weitere überhaupt vorhandene Höhenwindmaterial aus unserem atlantischen Gebiet herangezogen werden.

2. Die von der Deutschen Seewarte bis 1939 gewonnenen Höhenwindmessungen

Die in Bd. XV auf S. 86 gegebene Literaturübersicht ist durch folgende Veröffentlichungen zu ergänzen:

zur 2. Gruppe, Studienfahrten der Deutschen Seewarte:

Zistler, P. und Möller, F., Meteorologischer Reisebericht und Ergebnisse der Höhenwindmessungen von der Fahrt nach Kamerun Juli bis August 1933. A. d. Archiv d. Deutschen Seewarte, Bd. 54, H. 2, Hamburg 1935;

Mildner, P. und Markgraf, H., Meteorologischer Reisebericht und Höhenwindmessungen auf der Fahrt nach Kamerun Mai bis Juni 1933 im Rahmen des Zweiten Internationalen Polarjahres. A. d. Archiv d. Deutschen Seewarte, Bd. 54, H. 3, Hamburg 1935.

Zur 3. Gruppe, Laufende Höhenwindmessungen auf deutschen Handelsschiffen:

Höhenwindmessungen, durchgeführt von Schiffsoffizieren der deutschen Handelsflotte. 3. Folge: April 1930 bis September 1931. A. d. Archiv d. Deutschen Seewarte, Bd. 51, H. 3, Hamburg 1932;

Wagner, Fr., Die meteorologischen Beobachtungen während der Einweisungsfahrt für die Höhenwindmeßstelle F nach dem La Plata im Frühjahr 1931. A. d. Archiv d. Deutschen Seewarte, Bd. 52, H. 3, Hamburg 1933.

Die Höhenwindmessungen der deutschen Handelsschiffe beziehen sich überwiegend auf die Schiffahrtsstrecke nach Südamerika, in unserem Bereich auf die Linie Kapverden-Region—Recife (Pernambuco) und weiter vor der südamerikanischen Ostküste bis zum La Plata. Durch die Konzentrierung auf diese Fahrtstrecke sind hier alle zwölf Monate des Jahres mit Aufstiegen zahlreich belegt, so daß für dieses »Ozean-Profil« insbesondere die jahreszeitliche Änderung der Höhenwinde gut bestimmt werden kann, ebenso das Maß der unperiodischen Streuung. Die Bordwetterwarten arbeiteten auf der Route Bathurst—Fernando Noronha. So ergänzt sich das Meteor-Material und das Seewarten-Material miteinander: das erstere mit seiner räumlich ausgedehnten Erforschung des ganzen Ozeangebiets, aber bei beschränkter Zeit — das letztere mit seiner zeitlich ausgedehnten Erforschung bei Beschränkung auf die für den Verkehr wichtigsten Schnitte über unser Ozeangebiet.

Das Beobachtungsmaterial der Seewarte ist bis 1939 so angewachsen, daß eine Fortführung der Tab. 27 vom Meteor-Band XV hier nicht mehr abgedruckt werden kann.

Abgesehen von den Bordwetterwarten und von den besonderen Studienfahrten, bei denen Meteorologen beobachteten, waren bei den laufenden Aufstiegen der Handelsschiffe die Schiffsoffiziere die Beobachter, die sich freiwillig für diese nicht unerhebliche zusätzliche Tätigkeit gemeldet hatten und hierfür durch Meteorologen ausgebildet waren: ihnen gebührt ebenfalls der Dank dafür, daß die vorliegende Arbeit so ausführlich gestaltet werden konnte. Auf der Seewarte wurden die Handelsschiffs-Aufstiege nachträglich nochmals sorgfältig ausgewertet, mit derselben Steiggeschwindigkeit der Ballone und in derselben Art, wie dies auch bei den Meteor-Messungen der Fall ist, vgl. Bd. XV. Für dieselben Höhenstufen — bis zur Höhe von 3 km für ½ km-Stufen, darüber für 1 km-Stufen — wurde der resultierende Wind und die Komponenten E und N bestimmt. Falls mehrere Aufstiege von einem Tage vorliegen, wurde grundsätzlich nur je ein Aufstieg vom Vor- und Nachmittag für die statistische Bearbeitung verwendet.

3. Gesamtumfang des bearbeiteten Materials

Mitverwertet sind die in unseren Bereich fallenden Höhenwindmessungen der in den Jahren 1905—1912 ausgeführten Forschungsreisen, vgl. Bd. XV, S. 86, Literaturübersicht, I. Gruppe: Autoren W. Köppen, »Planet«, H. Hergesell, Harry Meyer, P. Perlewitz sowie E. Barkow von der Deutschen Antarktischen Expedition 1911—1912. Enthalten sind hierbei auch Aufstiege von A. Wegener (D. Tübingen) von 1909. Bei diesen Piloten aus der Zeit vor dem ersten Weltkrieg mußte, soweit es möglich war, die Auswertung neu geschehen für die richtige Steiggeschwindigkeit der Ballone und für die von uns einheitlich benutzten Schichtstufen; diese Vorarbeit war ziemlich umfangreich. Hinzugenommen wurde schließlich eine Auswahl derjenigen Aufstiege, die auf italienischen Handelsschiffen auf Überfahrten nach Südamerika angestellt wurden, nach der Veröffentlichung von F. Eredia in den Annali dell'Ufficio Presagi 4, 1932, S. 132.

Wie schon erwähnt, beschränkt sich unsere Darstellung der Höhenwinde über dem Atlantischen Ozean grundsätzlich auf das Gebiet von 20° N-Breite ab südwärts. Dabei bildet auf Nordbreite der Meridian 60° W die Westgrenze, so daß das Karibische Meer außerhalb unserer Untersuchung bleibt.

Die Zahl der Aufstiege, vgl. Tab. 1, beträgt etwa 5200, davon 2200 auf Nord- und 3000 auf Südbreite. Die Winter- und Sommerhalbjahre sind in etwa gleicher Größenordnung belegt.

Tabelle 1. Zahl der Aufstiege

Monat	Nordatlant. Ozean 20° N—0°	Südatlant. Ozean	Gesamtzahl
Mai	240	265	505
Juni	175	259	434
Juli	122	255	377
August	161	232	393
September	150	240	390
Oktober	166	197	363
November	216	234	450
Dezember	182	292	474
Januar	140	264	404
Februar	189	247	436
März	240	295	535
April	229	212	441
Mai—Oktober	1014	1448	2462
November—April	1196	1544	2740
Zusammen	2210	2992	5202

Tab. 2 (Seite 6) zeigt die Änderung in der Zahl der Beobachtungsfälle mit der Höhe, die prozentuale Abnahme geht in den unteren Schichten ziemlich rasch vor sich und ist in den oberen geringer. Von den 5200 Aufstiegen erreicht ungefähr die Hälfte die Höhe 5000 m, etwa ein Sechstel die Höhe 10000 m. 283 Aufstiege = 5% erreichen 15000 m. 122 Aufstiege gingen bis 18000 m (Stratosphäre). In den niederen Breiten ist die Abnahme der Zahl der Fälle mit der Höhe naturgemäß wesentlich langsamer als in den höheren Breiten, vgl. in Abb. 1 die Kurven für die nach unserem Ergebnis günstigste Zone 0—20° S und für die ungünstige Westwindzone südlich von 40° S; 30% der Aufstiege erreichen in ersterer Zone 8000 m, in 40—60° S nur 3000 m Höhe.

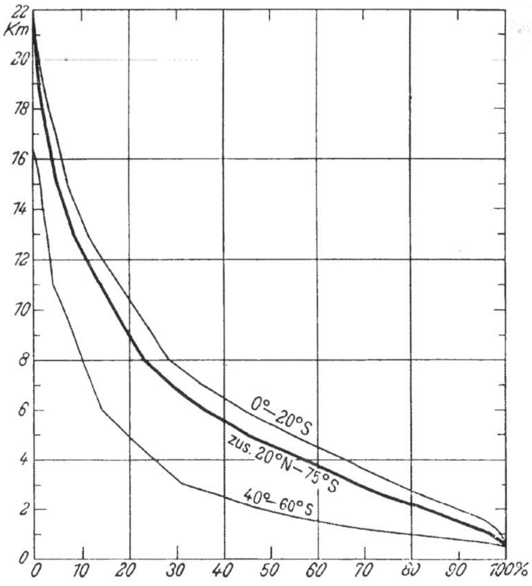

Abb. 1. Abnahme der Beobachtungsfälle mit der Höhe

In Band XV gab Abb. 24 auf S. 87 eine Übersicht über die Zahl der Aufstiege bis Ende 1931. Diese Darstellung der örtlichen Verteilung wird hier erneuert für die bis Ende 1937 ausgeführten Aufstiege, wie sie mit etwa 4600 an Zahl einem Teil der statistischen Verarbeitung zugrunde liegen, vgl. Abb. 2 (Seite 7). Aus den Jahren 1938/39 liegen noch

Tabelle 2

Zahl der Beobachtungen in den einzelnen Höhenstufen

Höhe in km	Mai—Oktober					November—April					Zusammen					Zusammen in % der Bodenstufe				
	20° N—0°	0°—20° S	20—40° S	Südl. v. 40° S	Zusammen	20° N—0°	0°—20° S	20—40° S	Südl. v. 40° S	Zusammen	20° N—0°	0°—20° S	20—40° S	Südl. v. 40° S	Zusammen	20° N—0°	0°—20° S	20—40° S	Südl. v. 40° S	Zusammen
19—20	4	7	3		14	7	16	3		26	11	23	6		40	0,5	1	0.8	—	0.8
18—19	10	14	5		29	15	31	3	1	50	25	45	8	1	79	1	2	1	0.3	2
17—18	15	25	8		48	24	45	4	1	74	39	70	12	1	122	2	4	2	0.3	2
16—17	19	43	10		72	32	56	10	2	100	51	99	20	2	172	2	5	3	0.5	3
15—16	24	50	16		90	44	71	14	5	134	68	121	30	5	224	3	7	4	1	4
14—15	36	62	21		119	58	80	19	7	164	94	142	40	7	283	4	8	5	2	5
13—14	43	72	27		142	70	95	25	9	199	113	167	52	9	341	5	9	7	2	7
12—13	67	90	34		191	85	114	28	10	237	152	204	62	10	428	7	11	8	3	8
11—12	87	117	40		246	111	140	38	10	299	198	257	78	12	545	9	14	11	3	11
10—11	103	153	51		309	137	173	51	13	374	240	326	102	15	683	11	18	14	4	13
9—10	124	173	64	8	369	173	209	67	24	473	297	382	131	32	842	13	21	18	8	16
8—9	154	206	72	6	438	214	249	73	25	561	368	455	145	31	999	17	24	20	8	19
7—8	177	239	88	8	512	266	294	96	30	686	443	533	184	38	1198	20	29	25	10	23
6—7	221	305	109	13	648	332	355	124	33	844	553	660	233	46	1492	25	35	31	12	29
5—6	287	387	143	19	836	421	426	150	43	1040	708	813	293	72	1876	32	44	40	19	35
4—5	380	475	181	31	1067	516	526	179	59	1280	896	1001	360	90	2347	41	54	49	24	45
3—4	500	587	223	43	1353	677	645	219	75	1616	1177	1232	442	118	2969	53	66	60	31	57
2.5—3	632	674	266	57	1629	797	744	256	91	1888	1429	1418	522	148	3517	65	76	70	39	68
2—2.5	724	722	289	69	1804	879	799	275	105	2058	1603	1521	564	174	3862	73	82	76	46	74
1.5—2	824	788	320	80	2012	999	874	301	121	2295	1823	1662	621	201	4307	83	89	84	53	83
1—1.5	920	864	350	98	2232	1097	922	324	146	2489	2017	1786	674	244	4721	91	96	91	65	91
0.5—1	988	899	374	125	2386	1169	947	343	192	2651	2157	1846	717	317	5037	98	99	97	84	97
0—0.5	1012	907	386	153	2458	1195	955	354	225	2729	2207	1862	740	378	5187	100	100	100	100	100

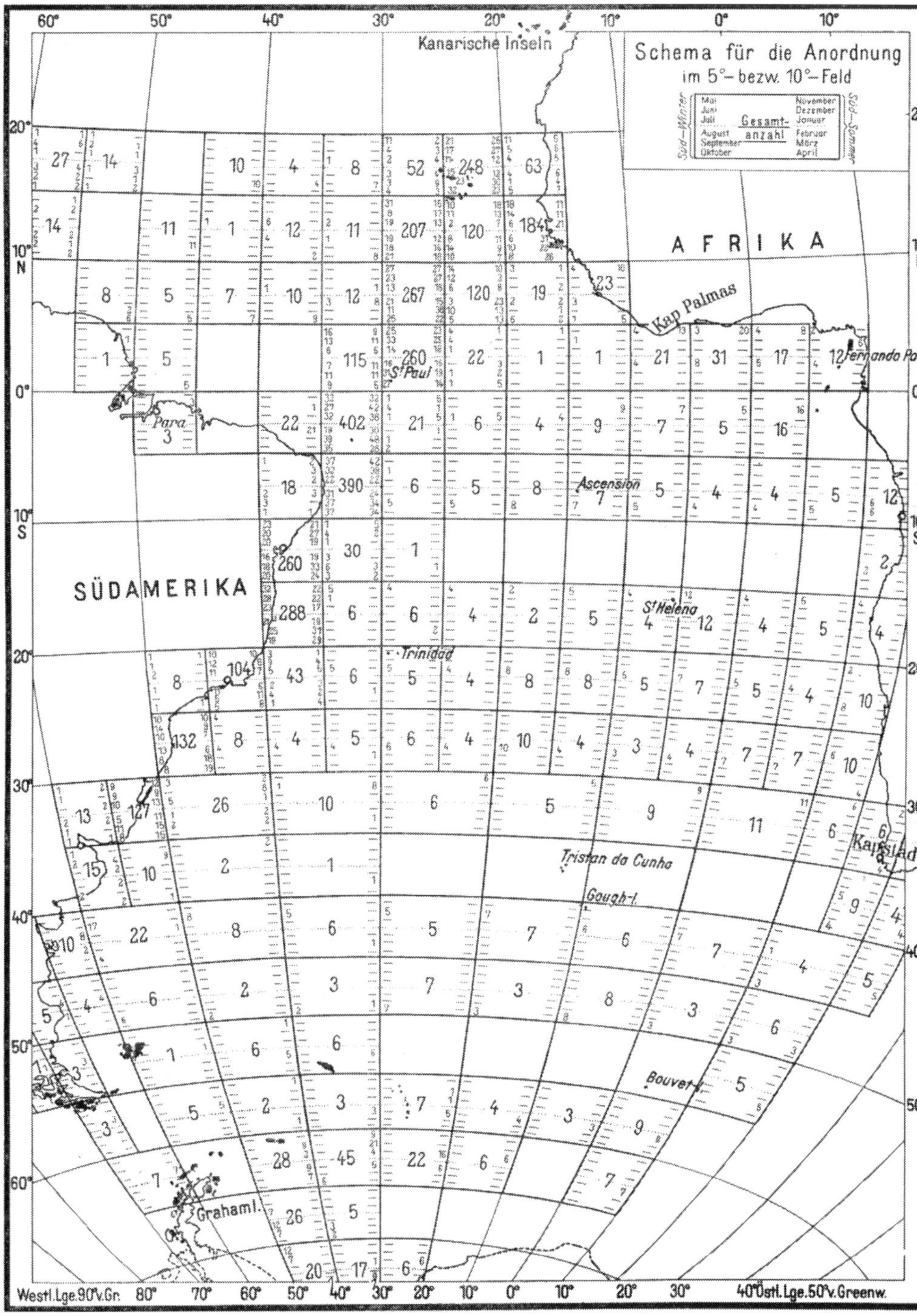

Abb. 2. Regionale und jahreszeitliche Verteilung der bis 1937 ausgeführten Pilotballonaufstiege

weitere 600 Aufstiege vor, im Raum 20° N—35° S. Zusammen bis 1939 also 5200, vgl. Tab. 1 und 2. Schließlich steht für zwei Positionen noch weiteres wertvolles Material der Seewarte zur Verfügung, gewonnen von den Bordwetterwarten der Flugsicherungsschiffe, wenn sie» auf Station« stillagen: in Bathurst-Hafen mit fast 1200 und nahe der Insel Fernando Noronha mit 630 Aufstiegen. Auch diese Messungen werden im vorliegenden Band verwertet.

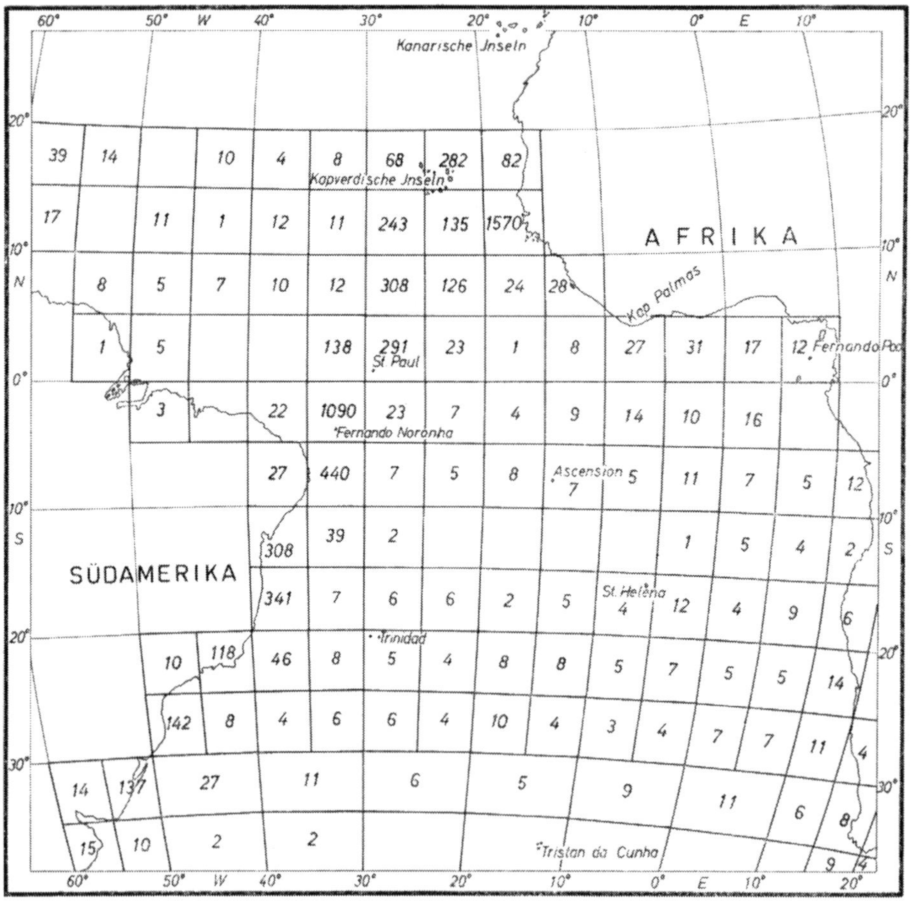

Abb. 3. Regionale Verteilung aller überhaupt zur Verfügung stehenden Aufstiege für die Breiten 20° N—35° S

Insgesamt finden somit hier über 7000 Aufstiege eine Auswertung. Deren Verteilung im Raum 20° N—35° S gibt Abb. 3 (weiter südlich siehe wie in Abb. 2). Die große Zahl der Seewartenmessungen auf dem Seeweg vom Kapverdischen Raum nach der südamerikanischen Ostküste bis zur La-Plata-Mündung springt in die Augen; die auf dieses Ozeanprofil fallenden 5°-Felder sind die einzigen, in denen jeder Monat recht gut belegt ist. Die weiträumige Verteilung der Aufstiege über unser ganzes Ozeangebiet stammt vor allem von der Meteor-Expedition. Die Beobachtungen im Wedellmeer sind im wesentlichen diejenigen von Barkow von der Deutschen Antarktischen Expedition 1911—12.

4. Verteilung der Aufstiege auf Einzeljahre

Für die Beurteilung der Mittelwerte ist es erforderlich zu wissen, auf welche Zeitperioden sich die Beobachtungen verteilen. Wir beschränken uns bei diesem Einblick auf 6 Testfelder, die relativ zahlreich belegt sind und bei denen das Seewarten-Material überwiegt. Sie umfassen den transozeanischen See- und Flugweg, der von den Kapverdischen Inseln bzw. Bathurst über Fernando Noronha zur südamerikanischen Ostküste führt:

Testfeld 1: 15—20° N, 20—25° W
„ 2: 10—15° N, 15—20° W
„ 3: 5—15° N, 20—30° W
„ 4: 0— 5° N, 25—35° W
„ 5: 0— 5° S, 30—35° W
„ 6: 5—10° S, 30—35° W

	Testfeld:					
Jahr	1	2	3	4	5	6
1939	14	206	29	20	19	18
38	21	300	67	33	113	35
37	23	233	69	36	235	42
36	31	255	94	45	279	65
35	29	293	71	49	194	64
34	31	201	151	48	117	53
33	40	52	103	60	47	36
32	20	—	38	25	28	17
31	32	—	64	34	41	28
30	16	16	47	22	25	23
29	22	9	48	23	24	26
28	12	3	23	10	13	13
27	16	—	17	5	3	3
26	—	—	2	7	12	4
25	—	—	5	3	2	1
24	1	—	10	5	5	5

Zeitlich weiter zurück liegen für diese Felder nur wenige Aufstiege aus Jahren vor 1914 vor. Folgende Aufeinanderfolgen von Jahren sind also bei der Mittelbildung beteiligt:

bei Testfeld 1 : 1927—39 = 13 Jahre
„ „ 2 : 1928—30, 1933—39 = 10 „
„ „ 3 bis 6: 1924—39 = 16 „ .

II. Art der allgemeinen statistischen Bearbeitung

Es gilt zunächst (und erstmalig), die mittlere Luftbewegung in der Höhe über unserem Ozeangebiet zu erfassen, als Beitrag zur Kenntnis der allgemeinen Zirkulation, und zwar so, wie sich diese auf Grund der Messungen direkt ergibt. Der Großteil unserer Messungen betrifft das innere Tropengebiet des Atlantiks, 20° N bis 20° S-Breite, anschließend die südlichen Subtropen, 20—35° S. In den niederen Breiten des freien Ozeans ist aber über die Druckverteilung in der Höhe nur wenig bekannt, sind die regionalen Druckgradienten sehr gering, so daß hier eine Berechnung geostrophischer Winde aus der Druckverteilung versagt. Die unmittelbaren Beobachtungen bleiben hier entscheidend.

Nun setzt sich allerdings unser maritimes Material nicht aus systematischen Beobachtungen zusammen, es ist keineswegs ein systematisches und homogenes. Es ist inhomogen in seiner örtlichen und zeitlichen Verteilung, hat mehr oder weniger den Charakter von Stichproben. Aber die Ergebnisse werden zeigen, in welch hohem Maße in den niederen Breiten die »Stichproben« miteinander übereinstimmten. Die überraschend große Beständigkeit der Höhenluftströmung in ihrer typischen Schichtung war gerade der größte Eindruck auf der Meteorfahrt, auf der ich alle Ballonvisierungen selbst durchgeführt habe. Bei der Bearbeitung zeigt sich immer wieder, wie weitgehend in den niederen Breiten die erhaltenen Mittelwerte unabhängig von der Zahl der Beobachtungsfälle sind. Für die höheren Breiten gilt das natürlich nicht mehr, hier gehen die zufälligen Schwankungen aus der jeweils angetroffenen Wetterlage voll ein.

Bei der Mittelbildung wird als Ortseinheit für den Bereich 20° N—30° S das übliche 5°-Feld genommen, für den Ozean südlich von 30° S das Feld von 10 Längen- und 5 Breitengraden. Bei der allgemeinen statistischen Bearbeitung werden für diese Felder alle überhaupt vorhandenen Beobachtungen aus allen beteiligten Jahren zusammengefaßt. Mit der jahreszeitlichen Unterteilung können wir nicht weit gehen, wie die monatliche Zahl der Fälle für die Feldeinheit in Abb. 2 zeigt; aber wir müssen wenigstens eine Zweiteilung des Jahres vornehmen:

sommerliches Halbjahr auf Nordbreite winterliches ,, ,, Südbreite	Monate Mai bis Oktober
winterliches Halbjahr auf Nordbreite sommerliches ,, ,, Südbreite	Monate November bis April

In dieser Jahresaufteilung ist die Verzögerung im Auftreten der Jahreszeiten auf dem Ozean berücksichtigt. Wir sind uns bewußt, daß in den Halbjahrspannen oft nur ein Teil der 6 Monate mit Beobachtungen belegt ist, das gilt fast überall dort, wo nur Meteor-Profile vorliegen. Auf dem Seeweg nach Südamerika sind dank der hier zahlreichen Seewarten-Messungen alle 6 Monate beider Jahreshälften gleichmäßig gut belegt, auf diesem wichtigen transozeanischen Schnitt wird daher für die genauere Ableitung der jahreszeitlichen Änderung die Mittelbildung der Höhenwinde noch gesondert geschehen, im Abschnitt B unseres Bandes.

Soweit in einem Feld nur Meteor-Messungen vorhanden sind, wurden diese bei der Mittelbildung sämtlich genommen, da sie innerhalb einer zusammenhängenden Folge von Tagen liegen. Wenn in einem Feld Messungen verschiedener Schiffe aus verschiedenen Zeiten vorliegen, dann wurden von einem Schiff nur 2 Aufstiege pro Tag genommen, je einer vom Vor- und Nachmittag.

Entsprechend der Auswertung der einzelnen Piloten geschieht die Mittelbildung einheitlich für folgende Höhenstufen, soweit belegt: bis 3000 m Höhe in 500 m-Stufen (0—0,5, . . ., 2.5 bis 3 km), ab 3000 m für 1000 m-Stufen (3—4, 4—5, . . .). Das sind für 0—20 km 23 Höhenstufen.

Zu überlegen war, ob bei der allgemeinen statistischen Verarbeitung die Mittelwertbildung nach der Methode der einfachen absoluten Mittelung oder — wegen der Abnahme der Zahl der Fälle mit der Höhe — nach der Methode der vertikalen Differenzen geschehen sollte. Unser Material bezieht sich überwiegend auf die niederen Breiten, hier sind die Höhenwinde wesentlich beständiger als in außertropischen Breiten, so daß selbst Stichproben, wie schon angeführt, angenähert die typischen Verhältnisse zeigen werden. Hier macht der Nachteil der optischen Meßmethode, daß die Zahl der Fälle mit der Höhe abnimmt, sich in seiner Auswirkung weit weniger bemerkbar. Hier sind die Luftströmungen bis in große Höhen verhältnismäßig schwach und dazu für die Messung besonders günstig geschichtet (unten Ost, darüber West), so daß die Abtrift der Ballone wesentlich geringer ist als in höheren Breiten. Hinzu kommt, daß hier auf See die störenden Wolken überwiegend »gebrochen« auftreten und daher der Ballon nach vorübergehendem Verschwinden meist wieder aufzufinden ist. So ist zu erwarten, daß der Unterschied zwischen absoluten und reduzierten Mittelwerten nicht groß wird. Wir bilden deshalb den Mittelwert nach der Methode der einfachen absoluten Mittelung.

Die Mittelbildung der Höhenwinde geschieht vektoriell, also nach der mittleren Luftversetzung. Da gleich bei der Auswertung der Einzelaufstiege, auch bei denjenigen der Seewarte, die zonale Komponente mit Vorzeichen positiv = Ost, negativ = West, und die meridionale Komponente mit Vorzeichen positiv = Nord, negativ = Süd bestimmt worden ist, lassen sich leicht die Mittelwerte der Komponenten berechnen. Aus diesen ergeben sich die mittleren Vektoren (mit den Nautischen Tafeln von Fulst bestimmt). Berechnet wurde auch das skalare Geschwindigkeitsmittel. Ebenso der Quotient der vektoriellen und skalaren Geschwindigkeit, als ein Maß der Beständigkeit des Windes (jedoch nicht mehr bestimmt, wenn die Beobachtungszahl unter 5 sinkt); dieser Quotient kennzeichnet anschaulich den unterschiedlichen Charakter der Luftströmung in verschiedenen Höhenstufen, die typische vertikale Strömungsschichtung.

III. Tabellen der mittleren Windfaktoren in den verschiedenen Höhenstufen

Hierzu die Tabellen 3, 4 und 5 (siehe im Tabellen-Anhang)

Die Tabellen 3 und 4 beziehen sich auf das Ozeangebiet 20° N—30° S. Ortseinheit ist hier das 5°-Feld.

Tab. 3 gilt für die Jahreshälfte Mai bis Oktober.

Hierbei:

3a: Nordbreite zwischen 20° N und Äquator, für den Nord-Sommer

3b: Südbreite zwischen Äquator und 30° S, für den Süd-Winter.

Tab. 4 gilt für die Jahreshälfte November bis April.

Hierbei:

4a: Nordbreite zwischen 20° N und Äquator, für den Nord-Winter

4b: Südbreite zwischen Äquator und 30° S, für den Süd-Sommer.

Tab. 5 bzieht sich auf das Ozeangebiet von 30° S-Breite ab südwärts. Ortseinheit ist hier das Feld von 5°-Breiten- und 10°-Längendifferenz.

5a: Jahreshälfte Mai bis Oktober = Süd-Winter

5b: Jahreshälfte November bis April = Süd-Sommer.

Die Reihenfolge der Felder ist in den Tabellen stets nach den Zonen von 5°-Breitendifferenz von Nord nach Süd und innerhalb der einzelnen Breitenzonen von West nach Ost angeordnet.

Zur Erklärung der Spalten:

km = Höhenstufe in Kilometern Höhe

n = Zahl der für die Höhenstufe vorhandenen Beobachtungsfälle

E = Mittelwert der zonalen Komponente ($\pm E_m$) in m/s;
wenn positiv, dann Ostkomponente
wenn negativ, dann Westkomponente

N = Mittelwert der meridionalen Komponente ($\pm N_m$) in m/s;
wenn positiv, dann Nordkomponente
wenn negativ, dann Südkomponente

$\mathfrak{D}$ = Richtung des resultierenden Windvektors, in Graden
1 — 360° (90° = E, 180° = S, 270° = W, 360° = N)

$\mathfrak{v}$ = Geschwindigkeit des Vektors ($|\mathfrak{v}_m|$) in m/s

v = Mittlere skalare Windgeschwindigkeit (v_m) in m/s

$\mathfrak{q}$ = Beständigkeit des Windes in Prozent $\left(\frac{\mathfrak{v}}{v} \times 100\right)$.

In einer Reihe von Fällen sind in den Tabellen Höhenwindwerte ergänzt worden; solche ergänzten Werte sind daran erkenntlich, daß bei ihnen die Geschwindigkeiten nur als ganze m/s gegeben und unter Spalte v und n keine Zahlen eingetragen worden sind. Hierbei handelt es sich einmal um interpolierte Werte, wenn eine Cirrus-Messung einem Pilotaufstieg aufgesetzt ist und die von der Endhöhe des Piloten bis zum Ci-Niveau fehlenden Höhenschichtwerte zu ergänzen waren. Dann handelt es sich um gelegentlich noch für einige Höhenstufen über die Endhöhe der Piloten hinaus extrapolierte Werte in solchen Fällen, in denen benachbart größere Höhen belegt sind. Solche nur gelegentlichen Inter- und Extrapolationen sind erst angebracht worden, nachdem vertikale Schnitte der Komponenten in Isoplethen-Diagrammen hergestellt worden waren und wenn aus deren Verlauf eine gewisse Ergänzung der Komponenten und damit des reduzierten Vektors sich zwanglos ergab.

Der Beständigkeitsquotient $\mathfrak{q}$ ist in Tab. 3 und 4 nicht mehr angegeben, wenn $n < 5$; in Tab. 5, also für die höheren südlichen Breiten, ist $\mathfrak{q}$ ganz fortgelassen.

IV. Horizontale Schichtkarten der mittleren Windkomponenten und Vektoren für die verschiedenen Höhenstufen

Hierzu die Tafeln I—XII

Die in den Basistabellen 3 und 4 (für 30—35° S auch Tab. 5) enthaltenen Mittelwerte der einzelnen Felder müssen nun, um zu einem anschaulichen Überblick und Vergleich zu kommen, in kleine Ozeankarten (Mercator-Projektion) eingetragen werden. Hierbei ist das Ozeangebiet auf die Breiten 20° N—35° S beschränkt worden; vgl. hierzu die betreffenden methodischen Ausführungen in Kap. II. Auch werden, um Raum zu sparen, hier nur die Karten für jede zweite Höhenstufe im Bereich 0—20 km Höhe gegeben, für die Komponenten die mit gerader km-Zahl, für die Vektorkarten die mit ungerader km-Zahl beginnenden Höhenstufen (zur gegenseitigen Ergänzung). Es liegen somit drei Sätze von je 12 Karten vor, und zwar für beide Jahreshälften, zusammen 72 Schichtdarstellungen. Winter und Sommer sind jeweils gegenübergestellt zum unmittelbaren Vergleich.

1. Satz, Tafel	I—III	:	Zonale Komponente
2. „ „	IV—VI	:	Meridionale Komponente
3. „ „	VII—XII	:	Vektoren

Die Zahl der Fälle, die jeweils in dem betreffenden 5°-Feld für die betreffende Höhenstufe und Jahreszeit zugrunde liegt (aus den Spalten für n in den Tabellen 3—5) ist auf den Vektorkarten (Tafel VII—XII) mit eingetragen; wo diese beim Vektor fehlt, ist $n = 1$.

Um einen weiteren Hinweis auf die Wertigkeit der Daten zu geben, sind bei den Komponentenkarten die Zahlen in 4 verschiedenen Größen eingetragen; kleine Zahlen bei $n = 1$—2, mittelgroße bei $n = 3$—9, große halbfette bei $n = 10$—19, große fette bei $n \geqq 20$. Die Komponentenwerte sind in ganzen m/s angegeben (0 = 0.4 bis 0.1, — 0 = — 0.4 bis — 0.1).

Auch auf den Vektorkarten ist die Unterscheidung nach den obigen 4 Gruppen von n vorgenommen worden; die Vektorpfeile haben zwar stets gleiche Länge, sind aber verschieden dick gezeichnet (gestrichelt bei $n = 1$—2, einfach bei $n = 3$—9, halbfett bei $n = 10$—19, fett bei $n \geqq 20$).

Die Vektorpfeile fliegen mit dem Wind. Angabe der Geschwindigkeit entsprechend dem internationalen Symbol:

eine (ganze) Fieder = 5 m/s = 10 Knoten = 18 km/h
ein Dreieck = 25 m/s = 50 Knoten = 90 km/h

Vgl. die Symbolangabe auf Tafel VII. Auf Nordbreite Fiederung nach links, auf Südbreite nach rechts.

V. Vertikalschnitte über den Ozean

Hierzu die Tafeln XIII—XVII und Tabelle 6

Den vertikalen Schnitten, die den Aufbau der Luftströmungen besonders instruktiv veranschaulichen, liegen dieselben Daten zugrunde wie bei den horizontalen Schichtkarten. Wir beschränken uns hier wieder auf die Breiten 20° N—35° S, Höhenbereich 0—20 km, Daten getrennt für die beiden Jahreshälften.

Zunächst werden die 11 zonalen Vertikalschnitte, und zwar nur für die Windvektoren (Mittelwerte je 5°-Feld), für die Breitenzonen von 5 zu 5° gegeben: siehe die Tafeln XIII bis XVII, ergänzend dazu die Abb. 4. Der Rahmen in den Diagrammen ist einheitlich für den Längenbereich 60° W—20° E und den Höhenbereich 0—20 km angeordnet; die Lage der Küsten ist angegeben. Es ist wieder das Ergebnis für die beiden Jahreshälften (Mai—Oktober und November—April) gegenübergestellt.

Es folgen 10 meridionale Vertikalschnitte, siehe die Abb. 5—14; und zwar zuerst für die Komponenten $\pm E_m$ und $\pm N_m$ in Abb. 5—10, dann für die Vektoren in Abb. 11—14. Zu diesen meridionalen Schnitten ist zu bemerken: Der Komponentendarstellung liegen die Mittelwerte für Felder von 10°-Längendifferenz und 5°-Breitendifferenz zugrunde, es wurden hierbei die Einzelbeobachtungen aus je 2 benachbarten 5°-Feldern der Breitenzone zusammengefaßt, die Mittelwerte also neu berechnet. Die Schnitte werden so für die 5 Längenstreifen 30—40° W, 20—30° W, 10—20° W, 0—10° W, 0—10° E gegeben, meridional durch den Ozean von 20° N- bis 35° S-Breite. Bei der E-Komponente bedeuten positive Zahlen Ostkomponente, negative Westkomponente, bei der N-Komponente positive Zahlen = Nordkomponente, negative Südkomponente (m/s).

Es wurden Isotachen im Abstand von 10 zu 10 m/s gezogen (die Isolinien selbst haben keine Beschriftung, da ihr Wert an den Zahlensäulen abzulesen ist). Die Null-Linien sind besonders markiert; bei der E-Komponente die Höhengrenze der mächtigen troposphärischen Oströmung durch eine fette Strich-Punkt-Linie, in dieser Strömung eingelagerter West durch gestrichelte Linien; der Übergang von der hohen Weströmung zum Ost darüber, bei und oberhalb der Tropopause, durch eine gezahnte Linie. Da bei der N-Komponente die vertikale Schichtung viel weniger deutlich und ausgesprochen ist als bei der E-Komponente, sind hier zur Erleichterung der Anschauung die Räume mit positiven Werten, also mit Komponente aus Nord, schraffiert worden.

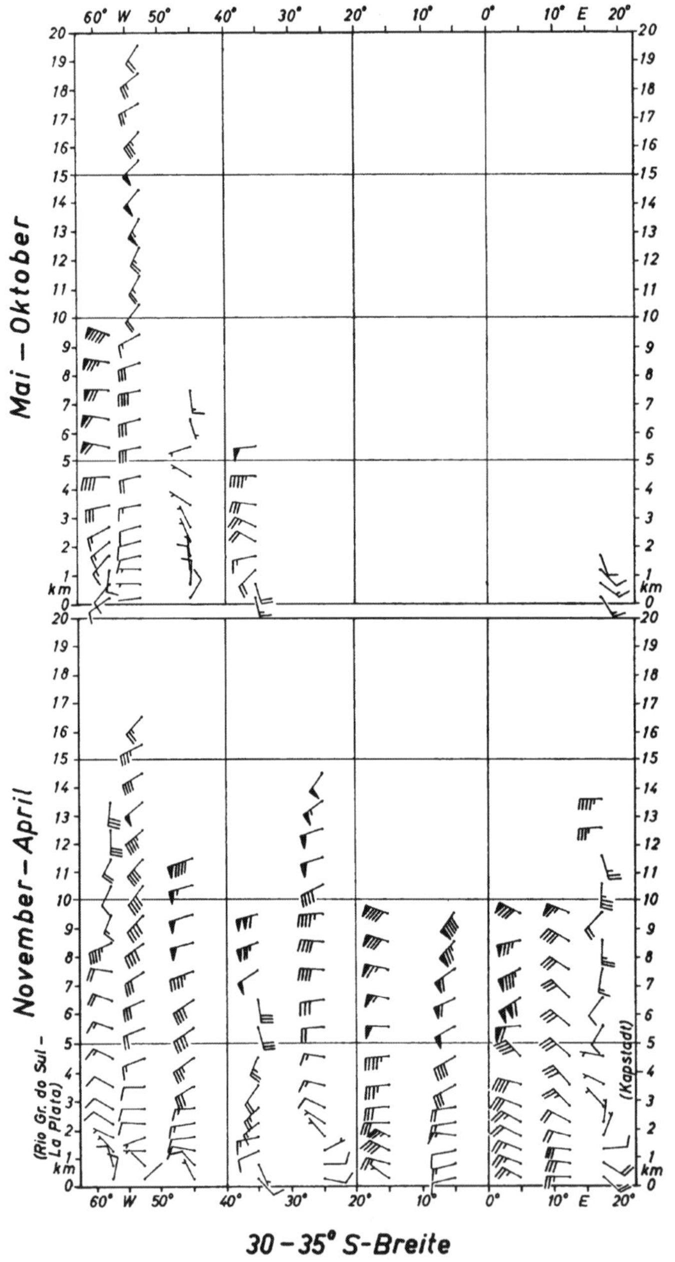

Abb. 4. Zonaler Vertikalschnitt über den Längenbereich 60° W—20° E, für die mittleren Vektoren der Breitenzone 30—35° S

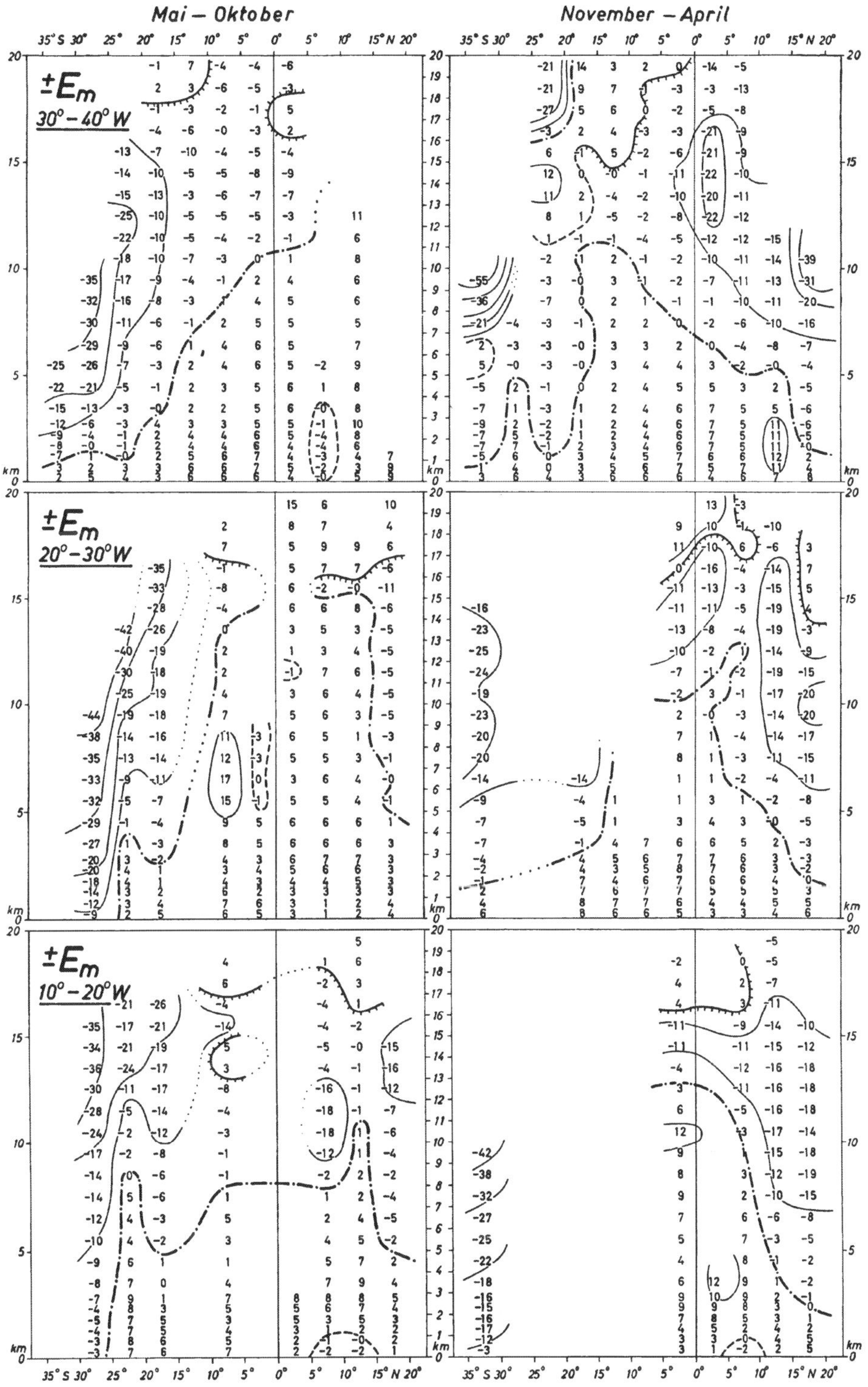

Abb. 5. Meridionale Vertikalschnitte über den Breitenbereich 20⁰ N—35⁰ S, für die mittleren Komponenten (m/s) in 10⁰-Längenstreifen. Isotachen von 10 zu 10 m/s. Die Abb. 6—8 sind die Fortsetzungen von Abb. 5. + E = Ost, — E = West, + N = Nord, — N = Süd

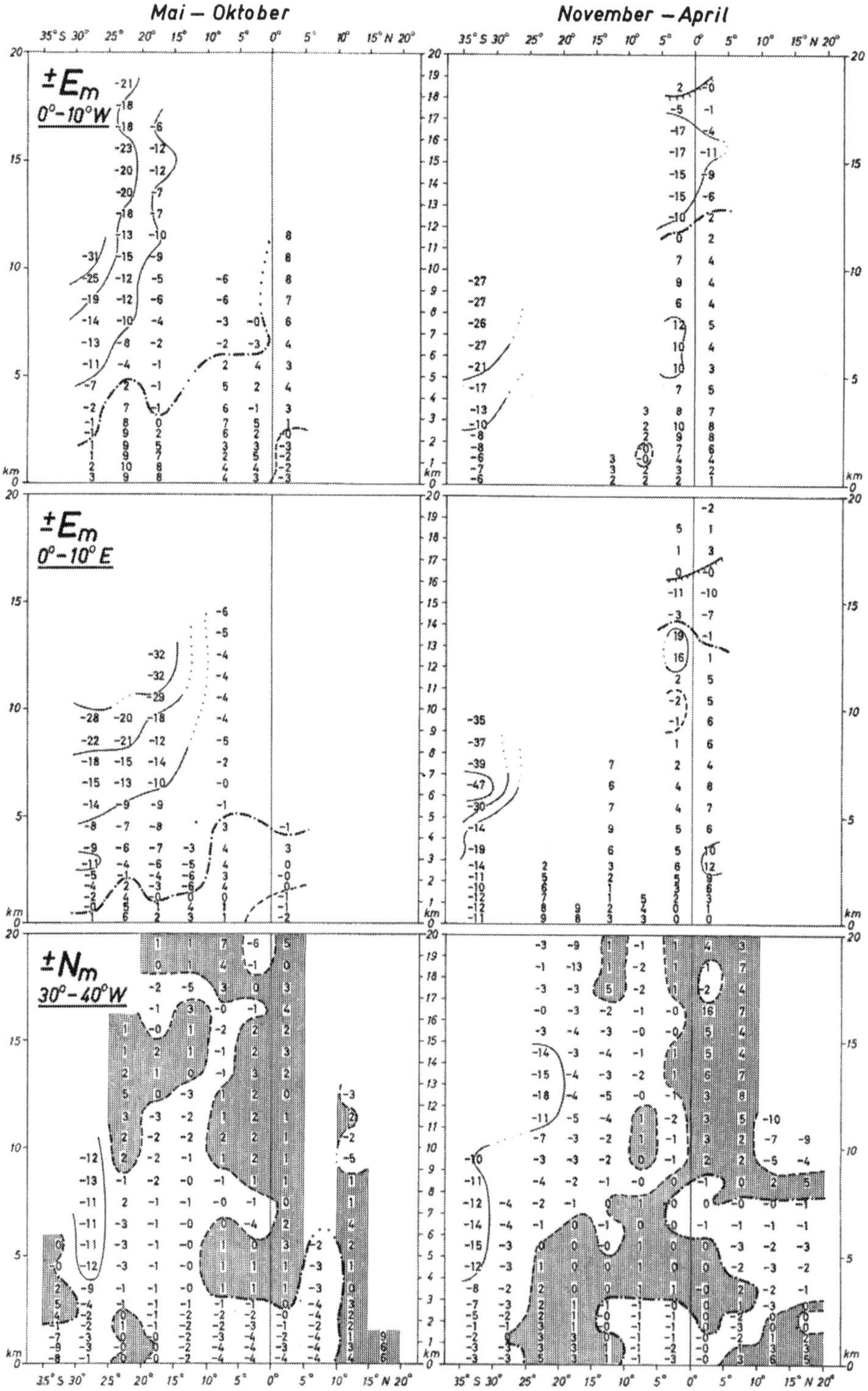
Mai – Oktober
November – April
±Em
0°–10°W
±Em
0°–10°E
±Nm
30°–40°W
35° S 30° 25° 20° 15° 10° 5° 0° 5° 10° 15° N 20°
km

Abb. 6

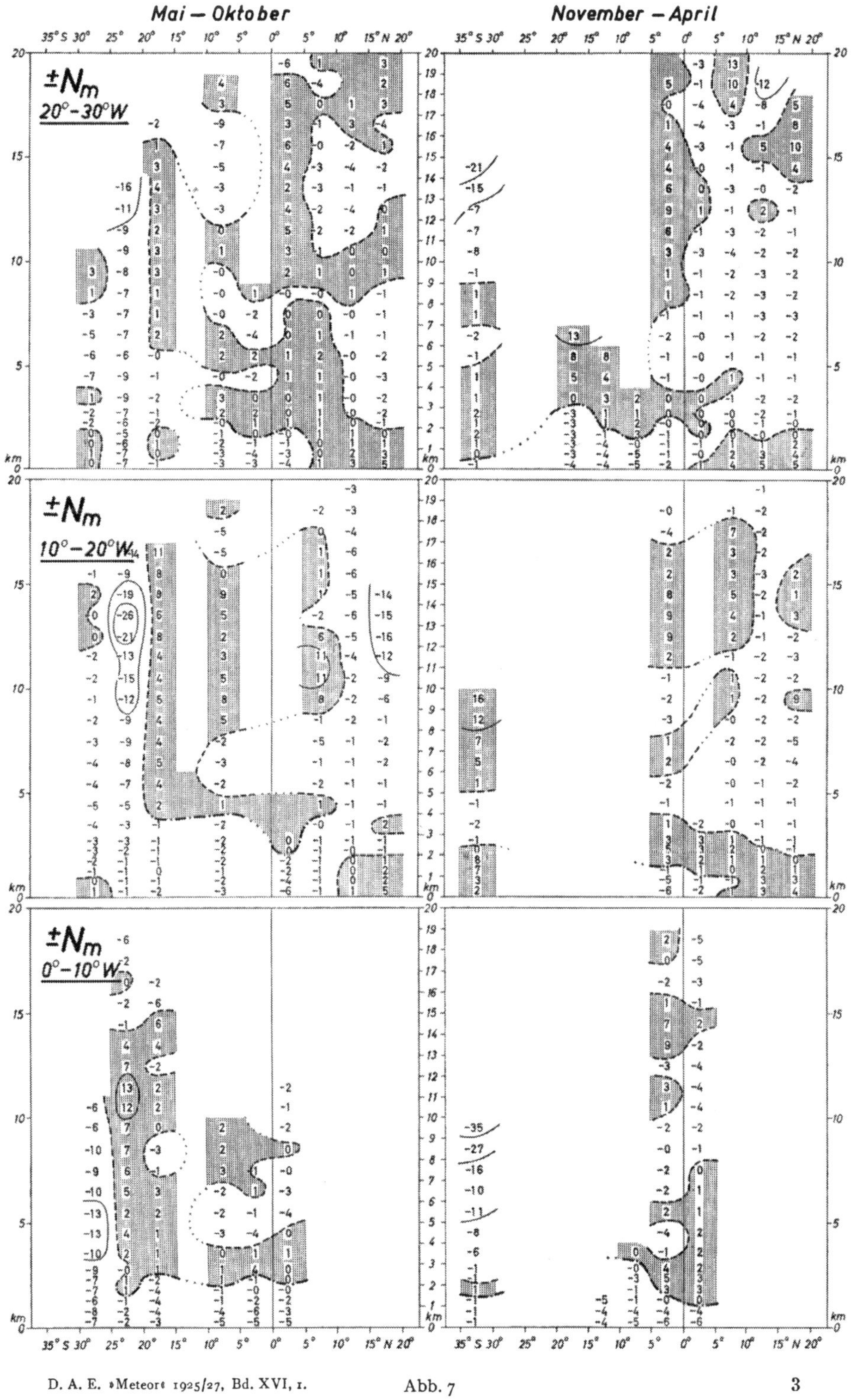

Abb. 7

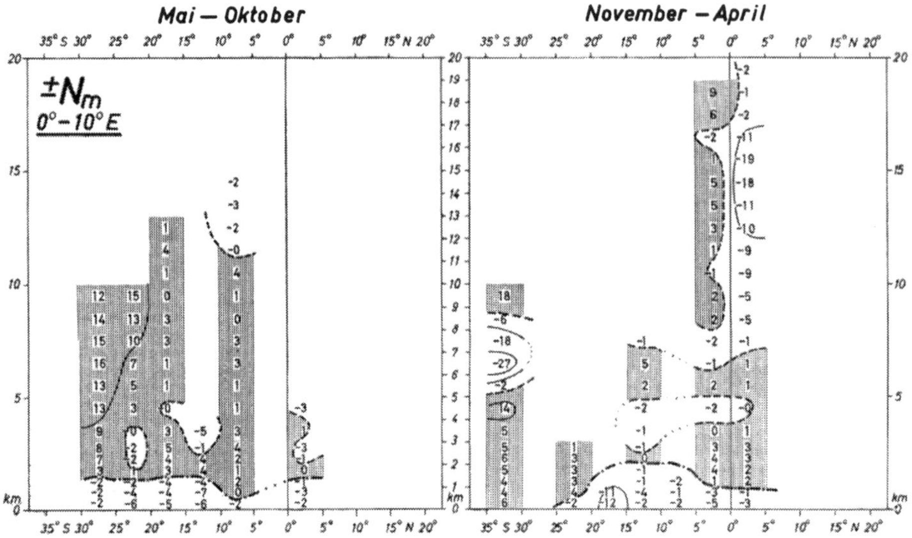

Abb. 8

Beim Vergleich der Schnitte für die verschiedenen Längenstreifen zeigen sich übereinstimmend gewisse Hauptzüge in der vertikalen Struktur bei beiden Komponenten. Um diese wichtigen »Gesetzmäßigkeiten« noch deutlicher herauszubringen, ist deshalb weiter zusammengefaßt worden, vgl. die Isoplethen-Diagramme für die *E*-Komponente in Abb. 9, für die *N*-Komponente Abb. 10. Hier wurde nur nach westlicher und östlicher Ozeanhälfte unterschieden, wobei als Mittellinie des Ozeans auf Nordbreite der Meridian 30° W, auf Südbreite der Meridian 20° W genommen worden ist. Es wurden hierbei außer den Werten der 10°-Längenstreifen zwischen 40° W und 10° E auch diejenigen für 40—50° W und 50—60° W sowie für 10—20° E hinzugenommen, soweit belegt. Die 10°-Längenstreifen-Werte wurden bei dieser Zusammenfassung arithmetisch gemittelt, d. h. unter gleicher Bewertung ohne Rücksicht auf die jeweilige Zahl der Beobachtungsfälle. Die Ergebnisse sind auch hier für die Halbjahre Mai—Oktober und November—April (soweit belegt) getrennt gegeben. In diesen Diagrammen sind die Zahlenwerte fortgelassen, dafür sind die Isotachen im Abstand von 5 zu 5 m/s eingezeichnet, die Fünfer gestrichelt, die Zehner ausgezogen. Der Raum mit positiven Werten ist schraffiert, also bei der *E*-Komponente die Bewegung aus Ost, bei der *N*-Komponente die Bewegung aus Nord. Ferner sind bei der *E*-Komponente die Gebiete mit Negativwerten (= West) über 20 m/s, bei der *N*-Komponente mit Negativwerten (= Süd) über 10 m/s durch dichtes Punktraster hervorgehoben worden.

Aus den für die westliche und östliche Ozeanhälfte hier benutzten Zahlenwerten der mittleren Komponenten wurden die mittleren Vektoren bestimmt, siehe Tab. 6 im Tabellen-Anhang. Die Richtung 𝔇 des Vektors ist in Zehnergraden angegeben (9 = Ost, 18 = Süd, 27 = West, 36 = Nord), die zugehörige Geschwindigkeit 𝔳 in m/s (schräge Zahlen). Diese für die Breitenzonen von 5 zu 5°, von 20° N-Breite ab südwärts, gegebenen mittleren Windvektoren enthält Tab. 6 auch für die höheren südlichen Breiten, für den Bereich 35° S bis 75° S. Nur für die Breiten 20° N—35° S veranschaulichen die Abbildungen 11—14 die Vektorsäulen für 0—20 km Höhe im meridionalen Schnitt, getrennt für die westliche und östliche Ozeanhälfte, und getrennt für die Halbjahre.

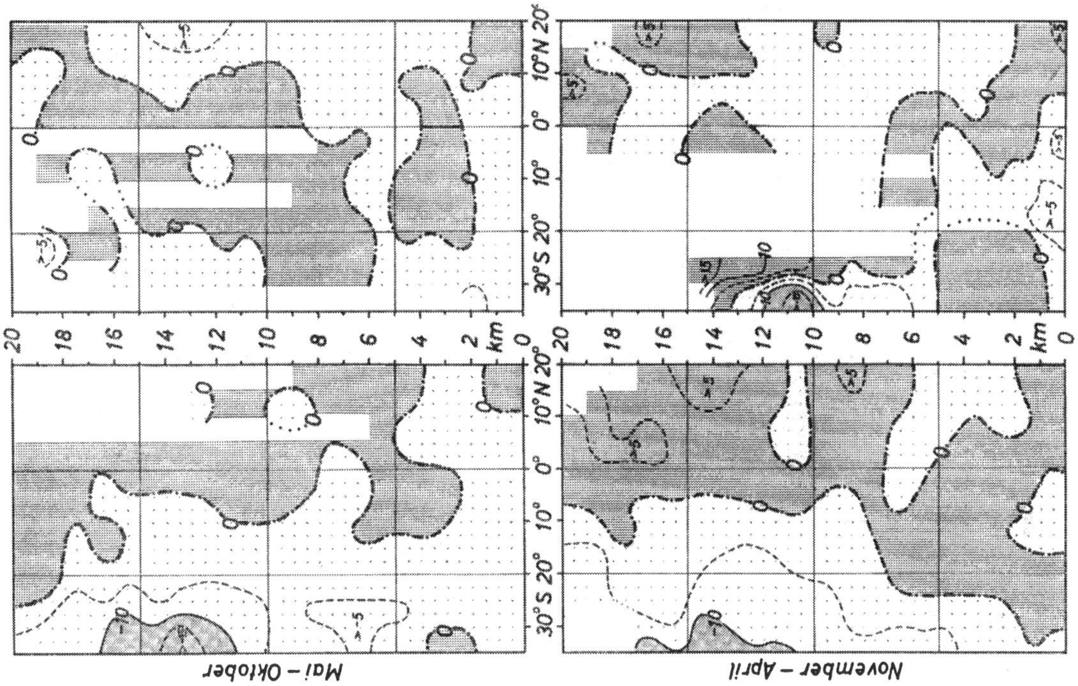

Westliche Ozeanhälfte **Östliche Ozeanhälfte**

Abb. 10. Meridionaler Vertikalschnitt über den Breitenbereich 20° N bis 35° S, für die mittlere Nord-Süd-Komponente (± *N* m/s) in Ozeanhälften. Isotachen von 5 zu 5 m/s

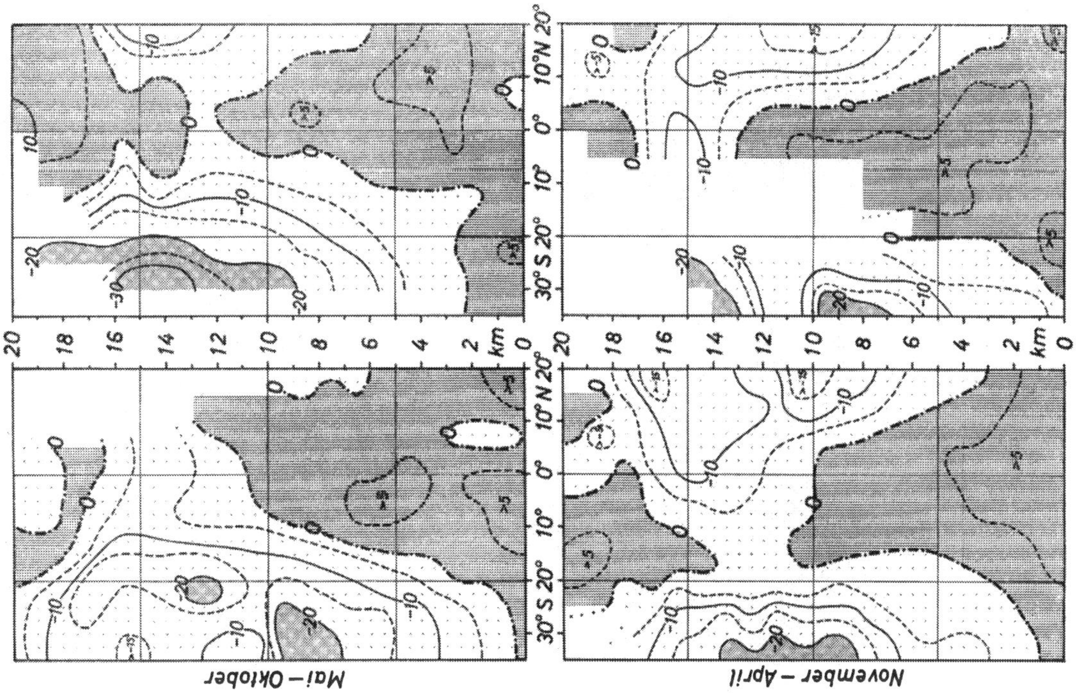

Westliche Ozeanhälfte **Östliche Ozeanhälfte**

Abb. 9. Meridionaler Vertikalschnitt über den Breitenbereich 20° N bis 35° S, für die mittlere Ost-West-Komponente (± *E* m/s) in Ozeanhälften. Isotachen von 5 zu 5 m/s

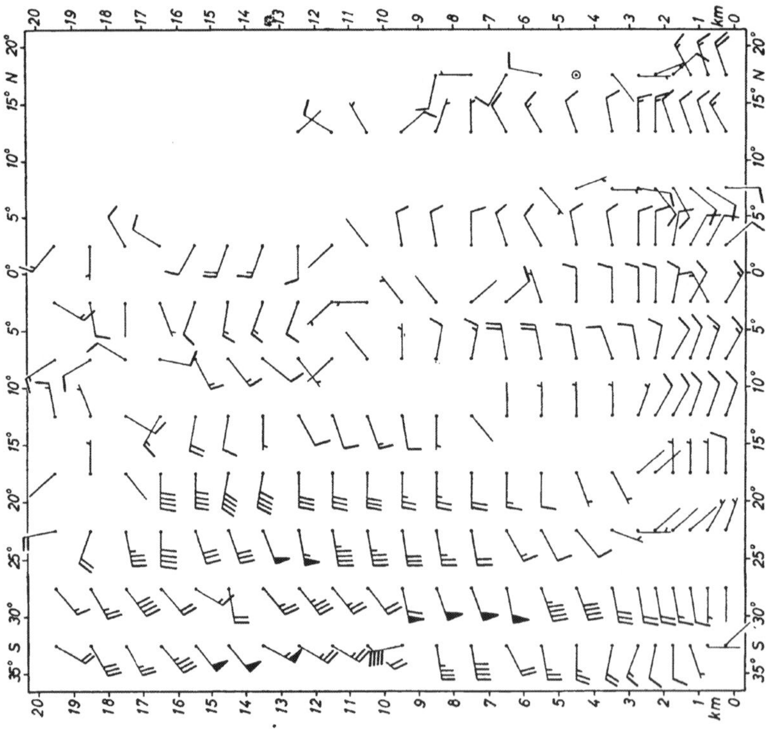

Abb. 11. Meridionaler Vertikalschnitt (20° N—35° S) für die mittleren Vektoren der westlichen Hälfte des Ozeans im Halbjahr Mai—Oktober

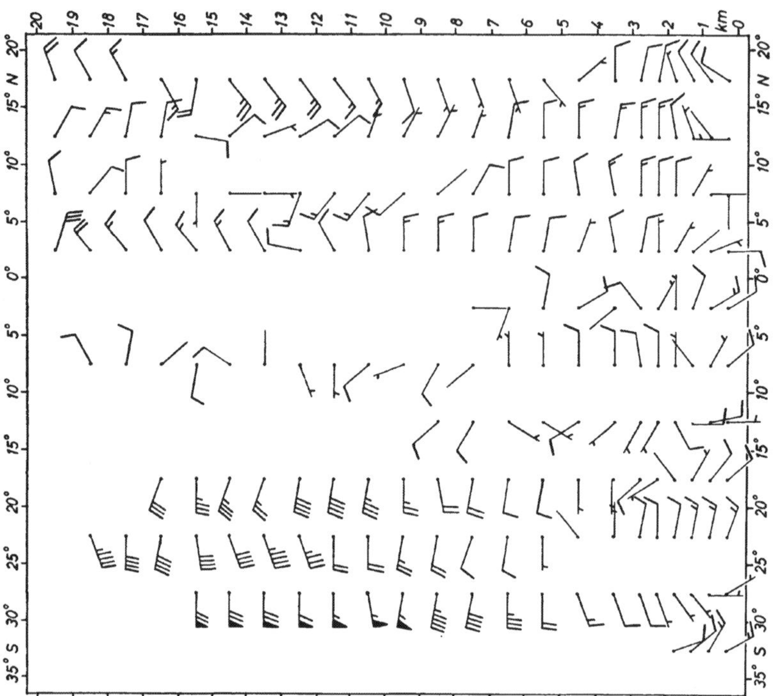

Abb. 12. Meridionaler Vertikalschnitt (20° N—35° S) für die mittleren Vektoren der östlichen Hälfte des Ozeans im Halbjahr Mai—Oktober

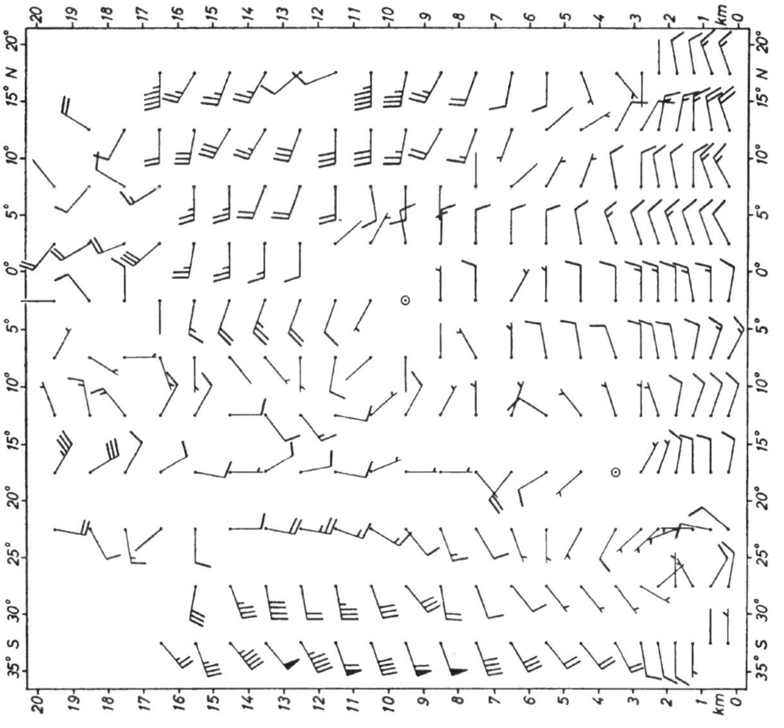

Abb. 13. Meridionaler Vertikalschnitt (20° N—35° S) für die Vektoren der westlichen Ozeanhälfte im Halbjahr November—April

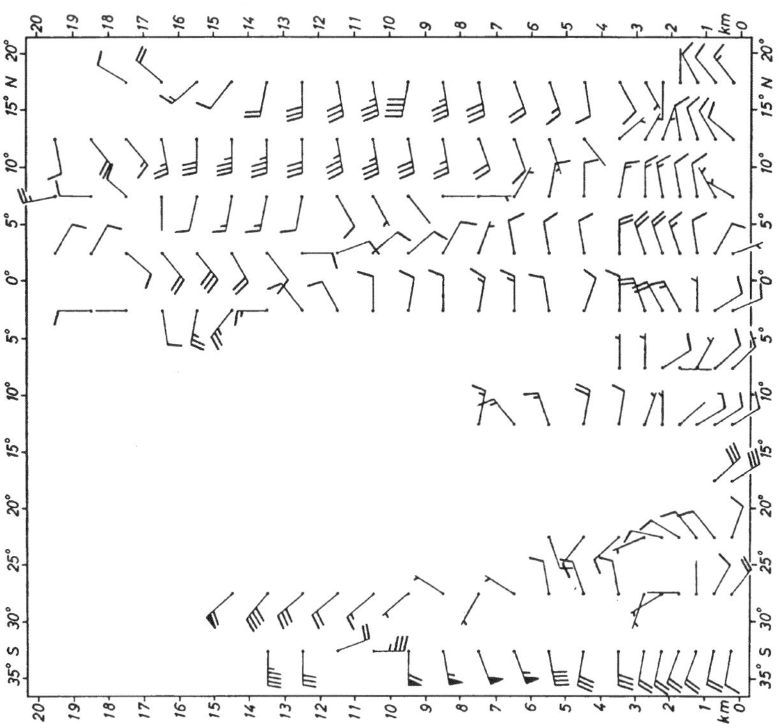

Abb. 14. Meridionaler Vertikalschnitt (20°—35° S) für die Vektoren der östlichen Ozeanhälfte im Halbjahr November—April

VI. Streuung der Höhenwinde

Hierzu Tabelle 7

In Ergänzung zu den Mittelwerten ist eine (zunächst grobe) Übersicht über die Streuung der Höhenwinde nach Richtung und Geschwindigkeit erforderlich. Eine solche Statistik haben wir schon vor längerer Zeit für Zehngradfelder nach den bis 1937 vorliegenden Beobachtungen durchgeführt. Diese Tabelle ist aber sehr umfangreich und muß daher hier stark reduziert wiedergegeben werden, siehe Tab. 7 im Tabellen-Anhang. Innerhalb jeder 10°-Breitenzone wurden mehrere Zehngradfelder zusammengefaßt derart, daß nur zwischen der westlichen und östlichen Ozeanhälfte unterschieden wurde; mit Trennungslinie auf Nordbreite (20° N bis Äquator) durch den Meridian 30° W, auf Südbreite (Äquator bis 30° S) durch den Meridian 20° W. In den höheren südlichen Breiten, von 30° S bis 70° S, ist die ganze 10°-Breitenzone über den Ozean im Längenbereich 50° W bis 10° E als Feld zusammengefaßt worden. Es wird ferner in Tab. 7 die Statistik nur für jede zweite Höhenstufe gegeben, im Bereich 20° N bis 30° S für 8 Höhenstufen bis 14 km, südlich von 30° S für 4 Höhenstufen bis 6 km (soweit belegt).

Ausgezählt wurde nach den Einzelbeobachtungen die Richtungsverteilung auf die 4 Quadranten (Nordquadrant N mit Richtungsgraden zwischen 315°—44°, Ostquadrant E 45°—134° usw.) sowie die Verteilung der Geschwindigkeiten nach folgenden 6 Stufen:

m/s	1—7	7—14	14—21	21—28	28—42	> 42
Knoten	2—14	14—27	28—41	41— 55	56— 82	> 82
km/h	5—25	25—50	50—75	75—100	100—150	> 150

Die Geschwindigkeitsverteilung wird für jeden der 4 Richtungsquadranten gesondert und auch für das Feld insgesamt bestimmt. Diese Streuungsstatistik wurde wieder für die Halbjahrspannen Mai—Oktober und November—April getrennt gegeben. Aus Tab. 7 läßt sich also für eine bestimmte Höhe und Jahreszeit über einem Feld ermitteln, wie nach den vorhandenen Beobachtungen die Geschwindigkeitsstreuung bei Winden aus einem bestimmten Richtungsquadranten ist, oder wie die Richtungsstreuung bei Winden von bestimmter Geschwindigkeitsstufe. In der Tabelle ist die jeweils unten rechts angegebene Zahl (Summe von links = Summe von oben) die Anzahl der verfügbaren Beobachtungen. Schließlich wird mit den jeweils eingetragenen schrägen Zahlen noch der Wind mit der maximalen Geschwindigkeit der betreffenden Höhenschicht mit zugehöriger Richtung (1—360°) angeführt.

Die Diskussion der in diesem Abschnitt A mit Tabellen und Tafeln gebotenen Ergebnisse folgt in Abschnitt C.

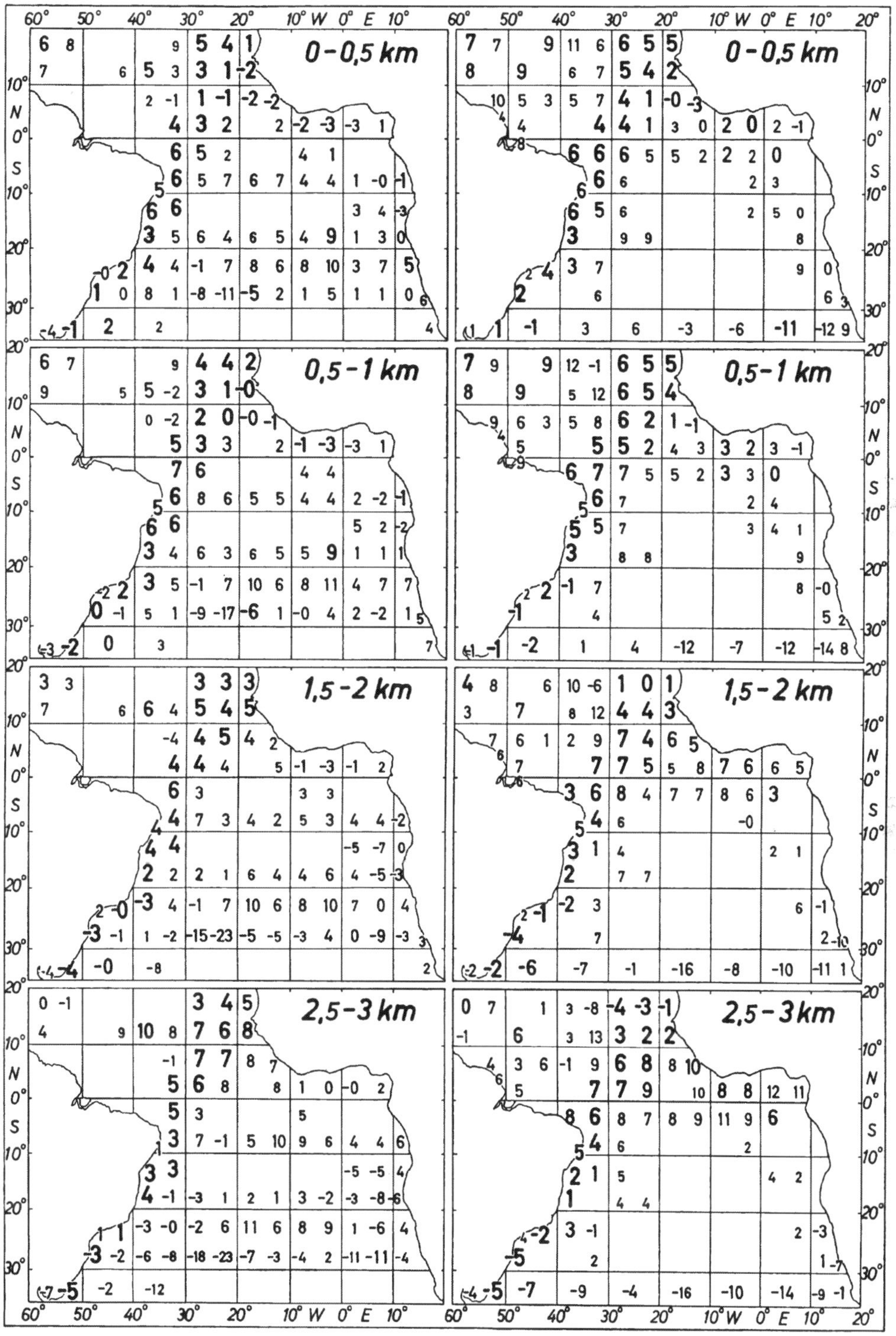

Mai—Oktober

November—April

Tafel I. Mittlere zonale Komponente, $\pm E_m$ m/s, Halbjahrswerte in den Breiten 20° N—35° S, für 4 Höhenstufen zwischen 0 und 3 km. Positiv = Ost, negativ = West

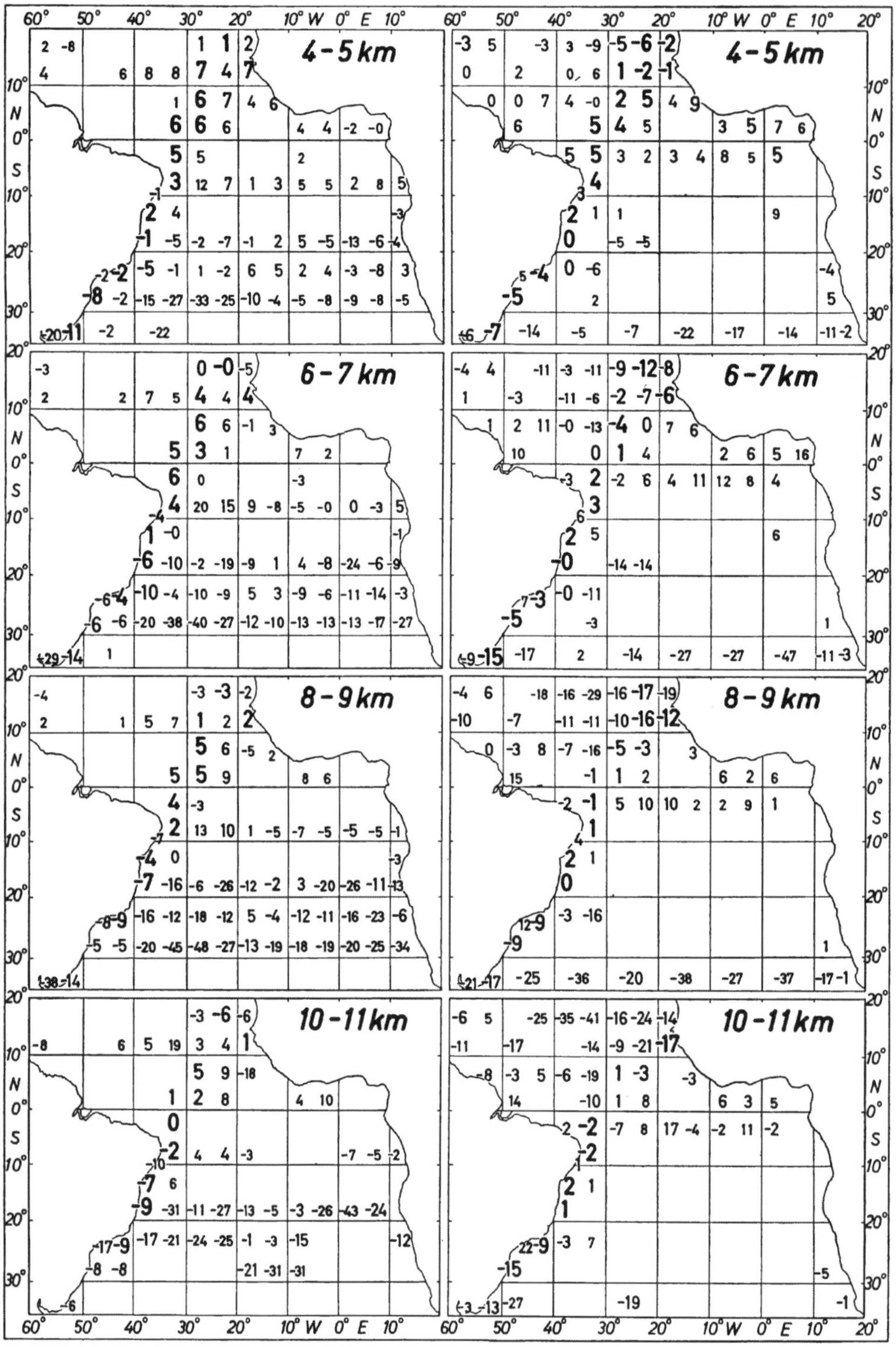

Mai—Oktober **November—April**

Tafel II. Mittlere zonale Komponente, $\pm E_m$ m/s, Halbjahrswerte in den Breiten 20° N—35° S, für 4 Höhenstufen zwischen 4 und 11 km. Positiv = Ost, negativ = West

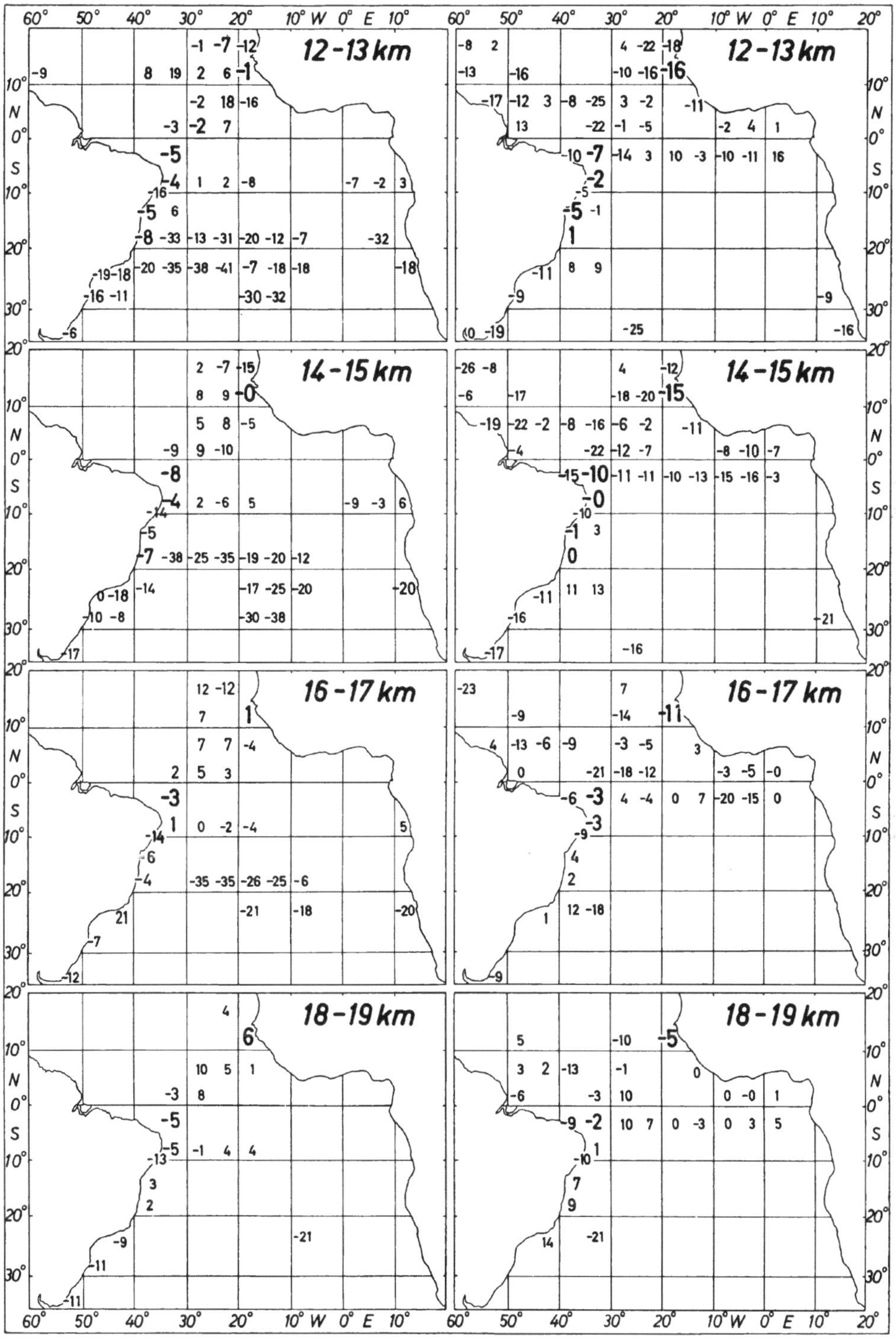

Mai—Oktober **November—April**

Tafel III. Mittlere zonale Komponente, $\pm E_m$ m/s, Halbjahrswerte in den Breiten 20° N—35° S, für 4 Höhenstufen zwischen 12 und 19 km. Positiv = Ost, negativ = West

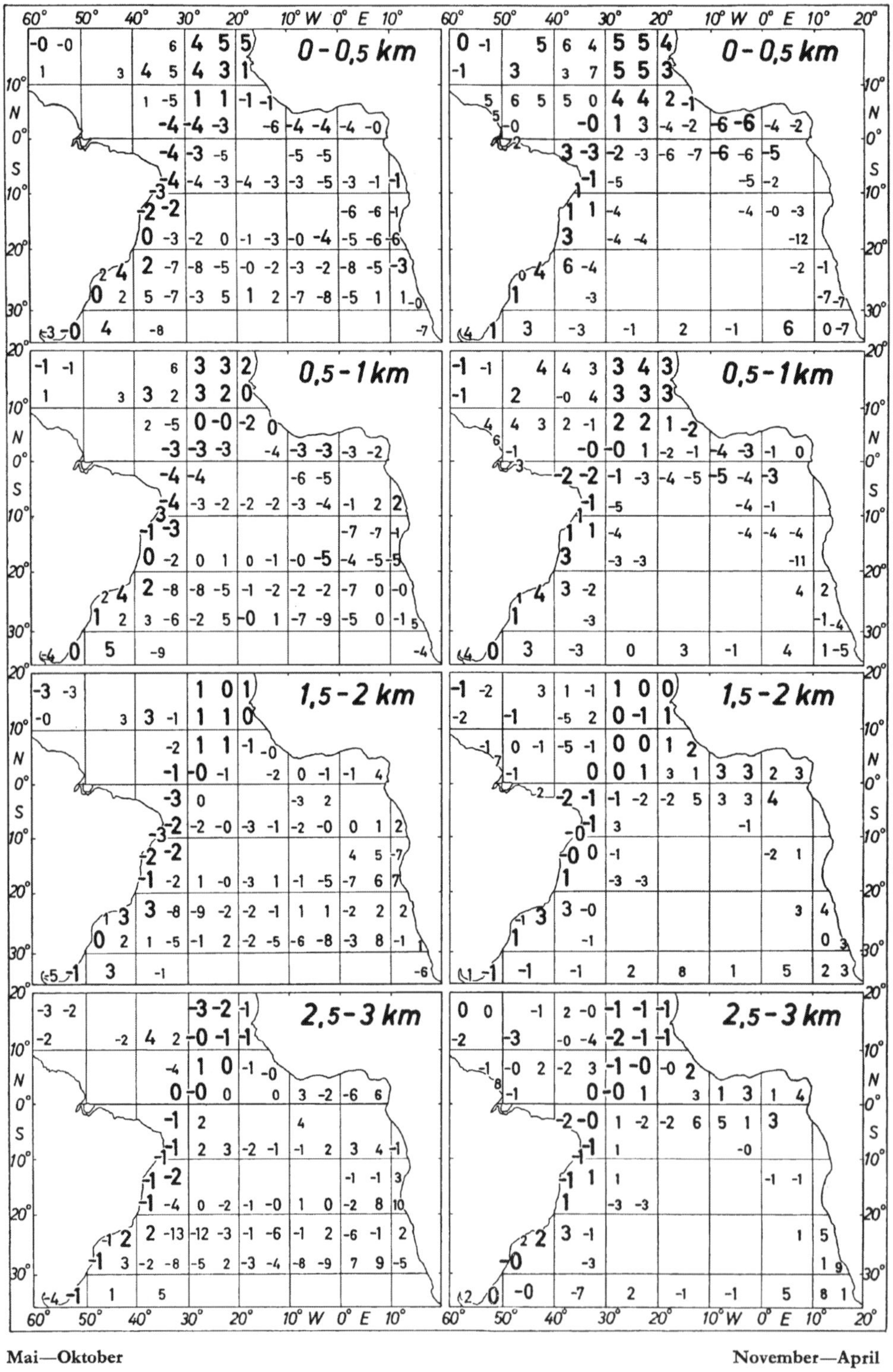

Mai—Oktober **November—April**

Tafel IV. Mittlere meridionale Komponente, $\pm N_m$ m/s, Halbjahrswerte in den Breiten 20° N—35° S, für Höhenstufen zwischen 0 und 3 km. Positiv = Nord, negativ = Süd

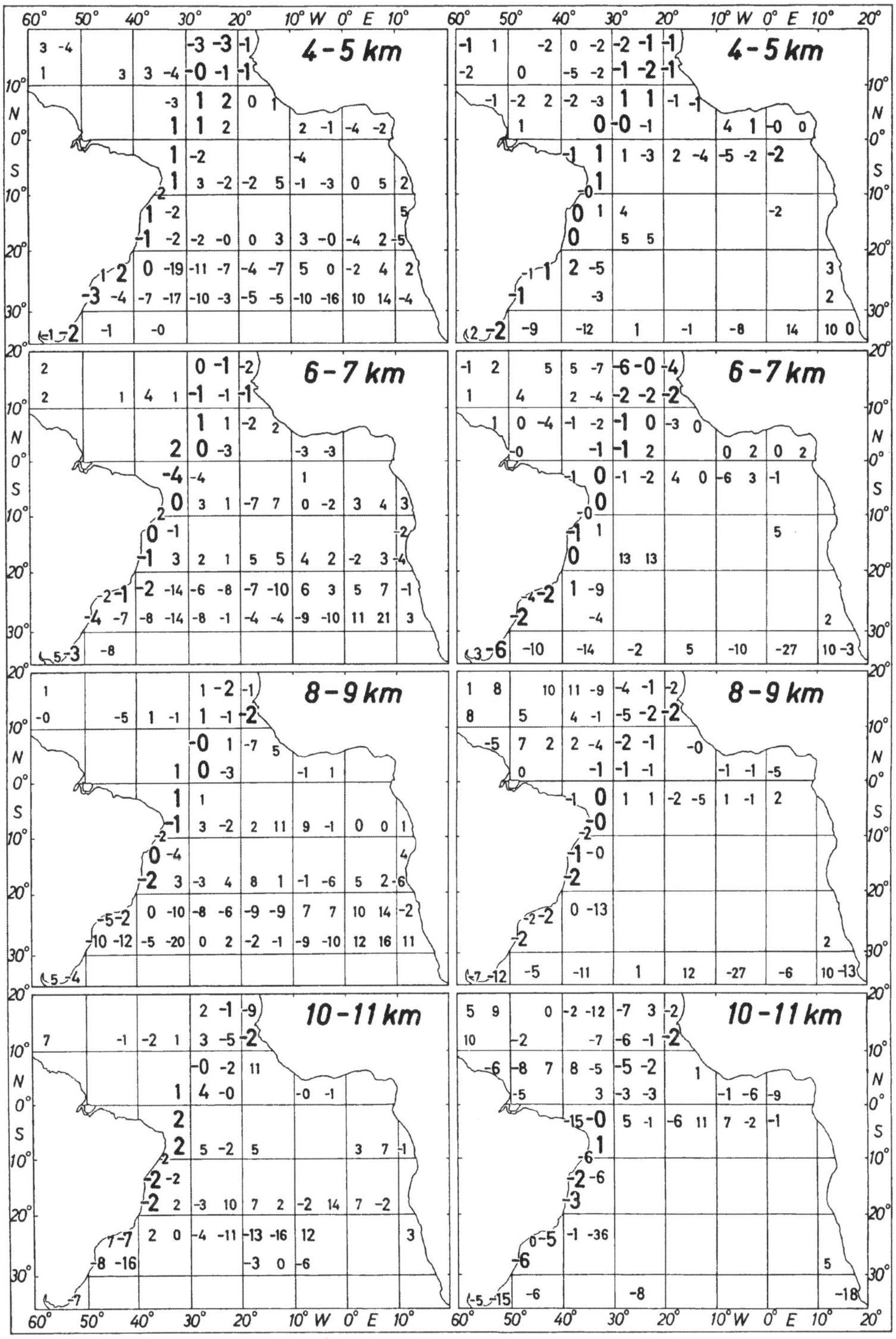

Mai—Oktober **November—April**

Tafel V. Mittlere meridionale Komponente, $\pm N_m$ m/s, Halbjahrswerte in den Breiten 20° N—35° S, für 4 Höhenstufen zwischen 4 und 11 km. Positiv = Nord, negativ = Süd

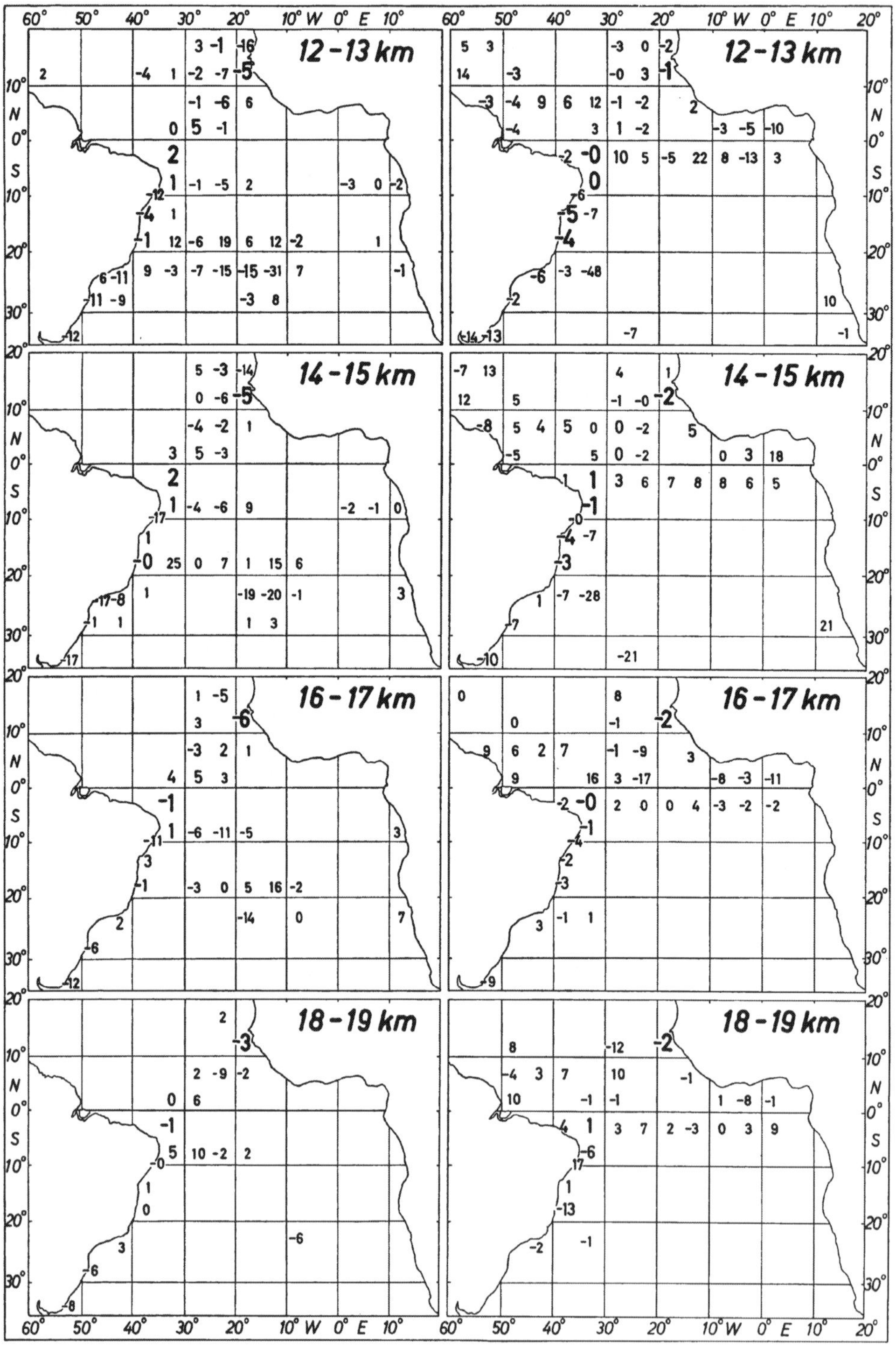

Mai—Oktober **November—April**

Tafel VI. Mittlere meridionale Komponente, $\pm N_m$ m/s, Halbjahrswerte in den Breiten 20° N—35° S, für 4 Höhenstufen zwischen 12 und 19 km. Positiv = Nord, negativ = Süd

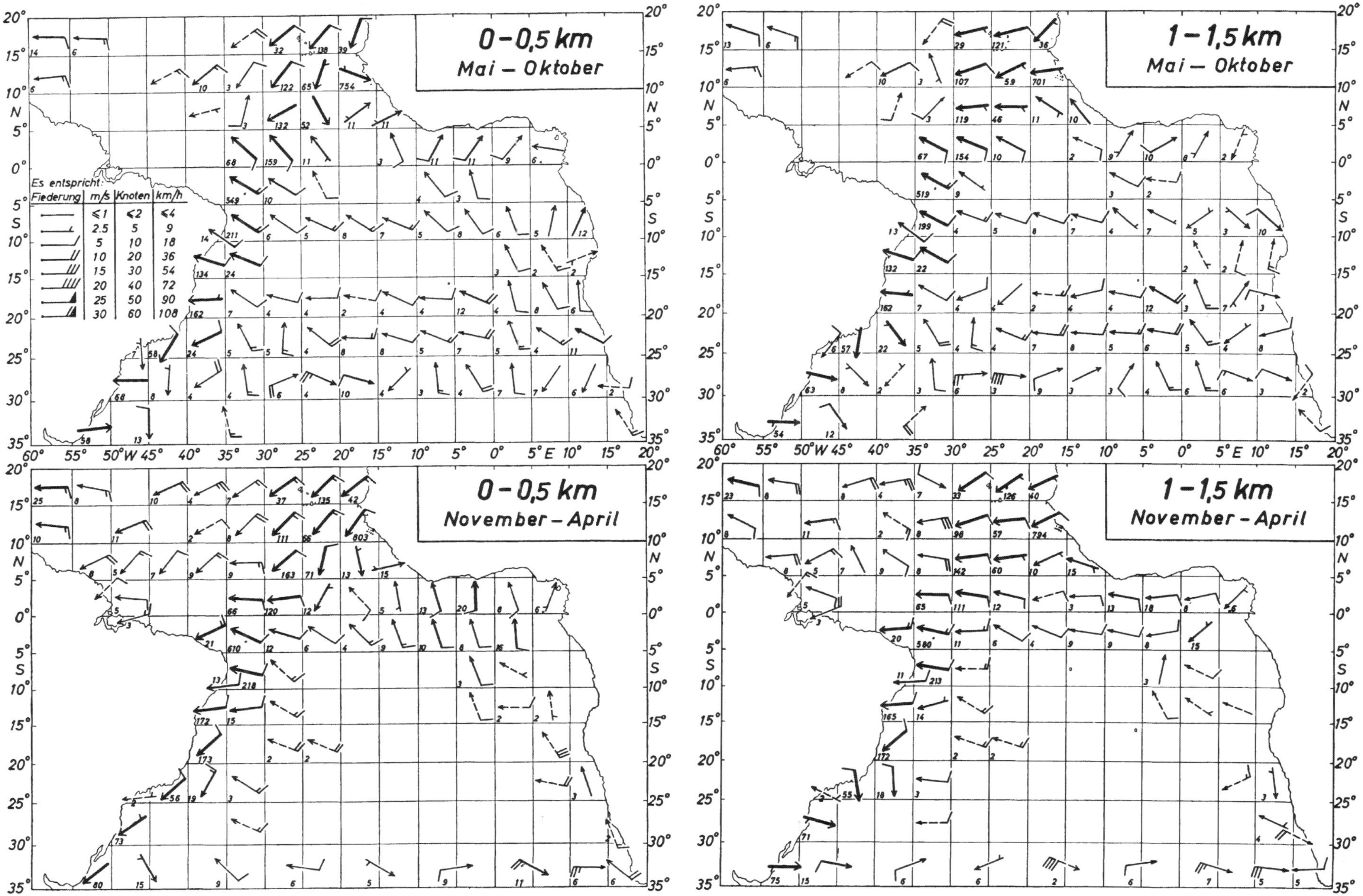

Tafel VII. Mittlere Vektoren für Halbjahre, in den 5^0-Feldern der Breiten 20^0 N—35^0 S, für *0—0.5* und *1—1.5* km Höhe. Beigeschriebene Zahlen: Zahl der Beobachtungsfälle

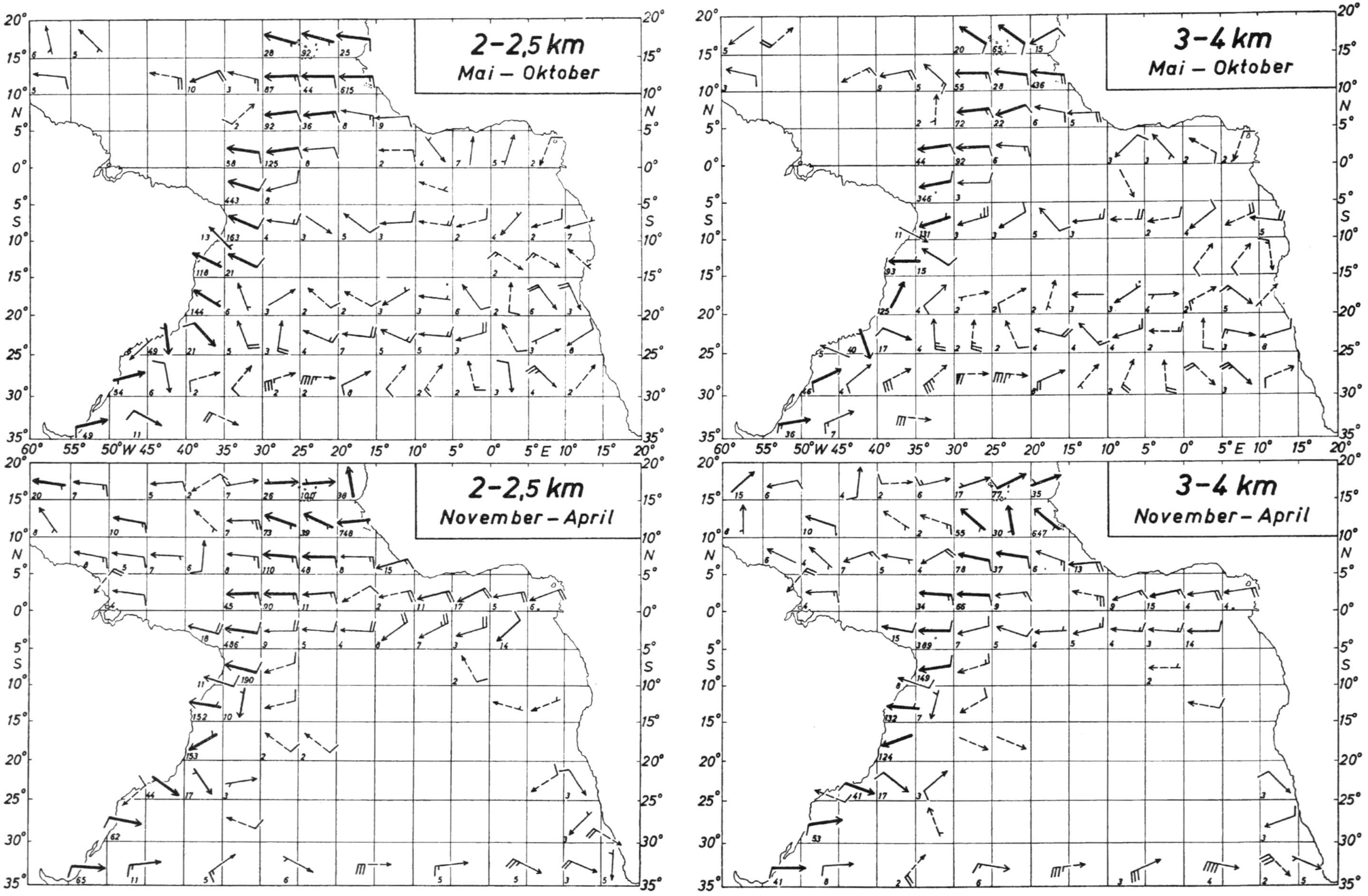

Tafel VIII. Mittlere Vektoren für Halbjahre, in den 5^0-Feldern der Breiten 20^0 N—35^0 S, für 2—2.5 und 3—4 km Höhe

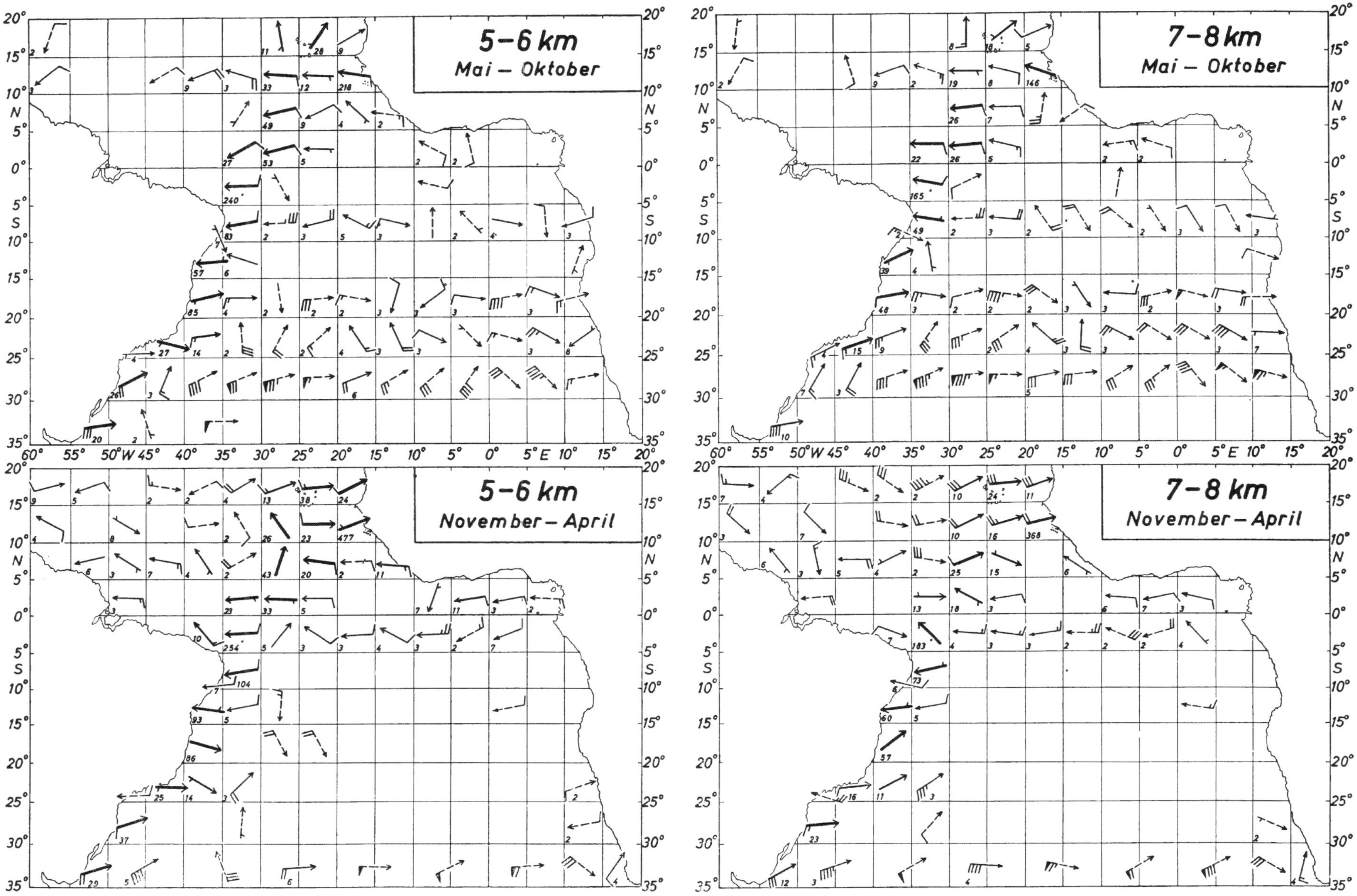

Tafel IX. Mittlere Vektoren für 5—6 und 7—8 km Höhe

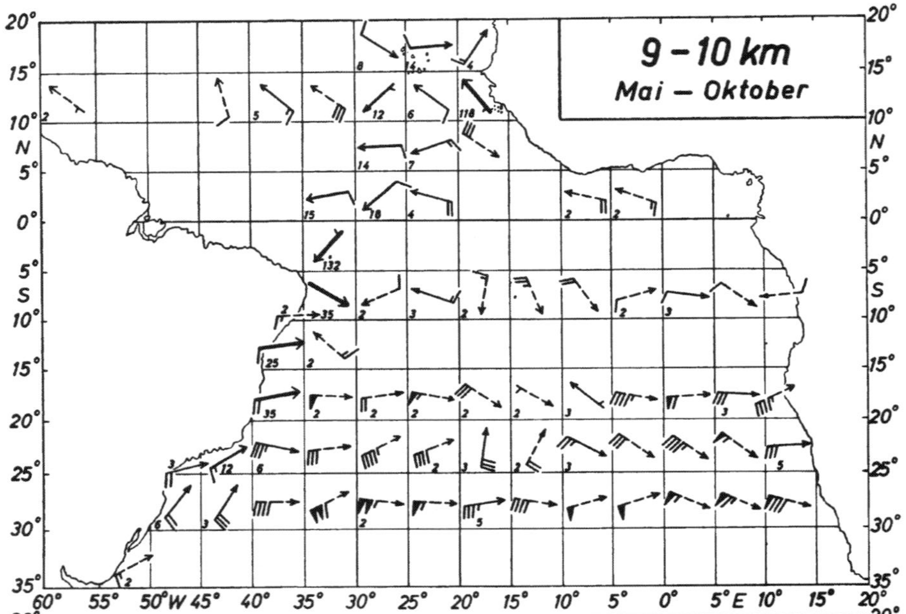

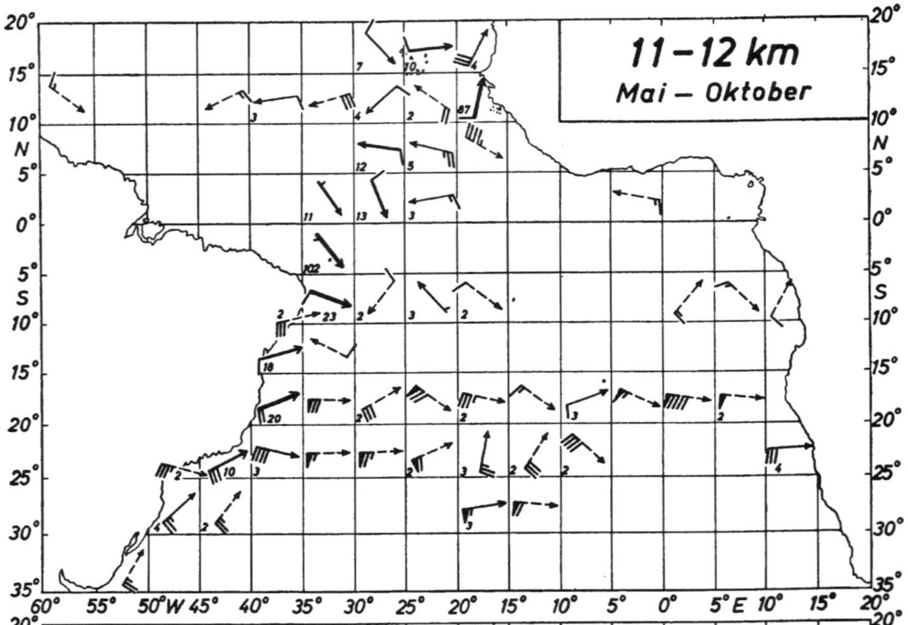

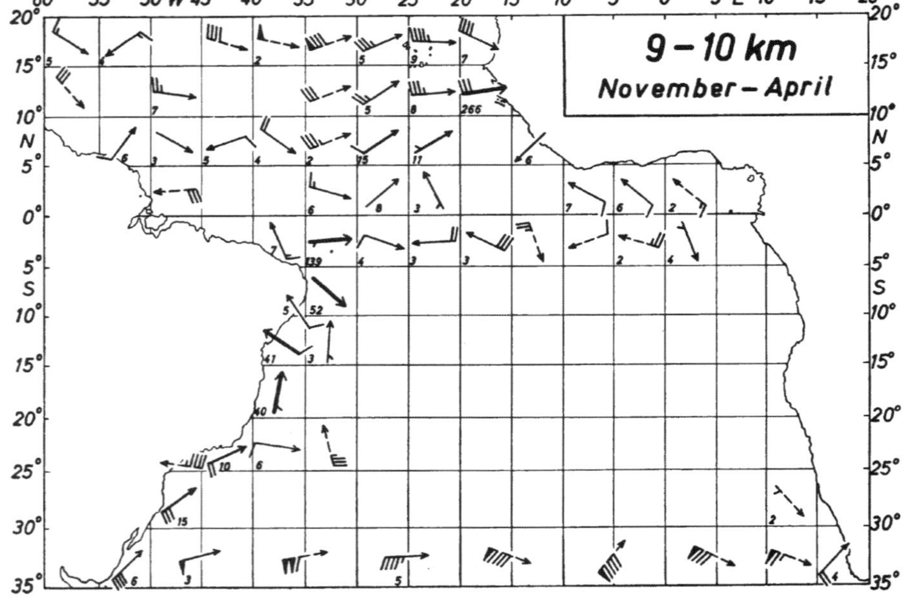

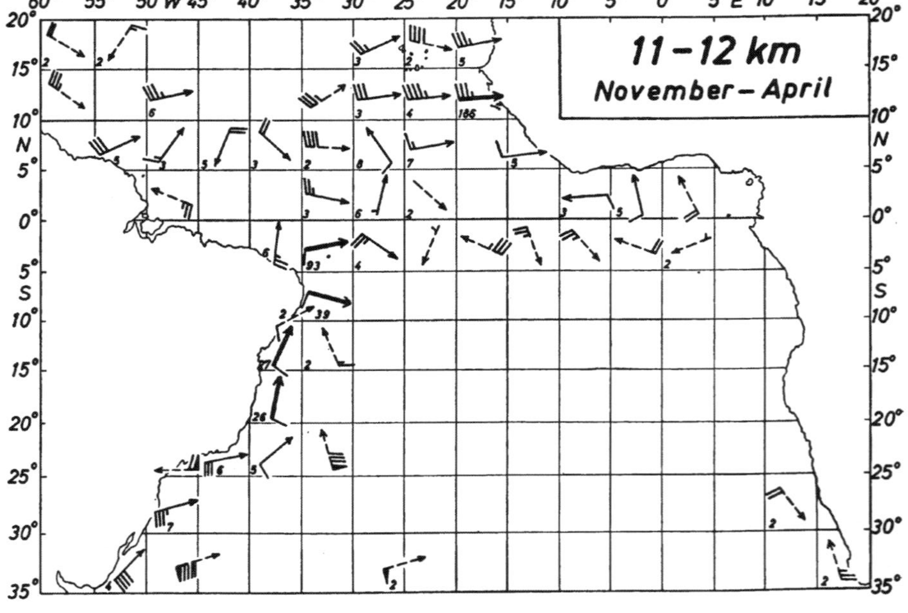

Tafel X. Mittlere Vektoren für 9—10 und 11—12 km Höhe

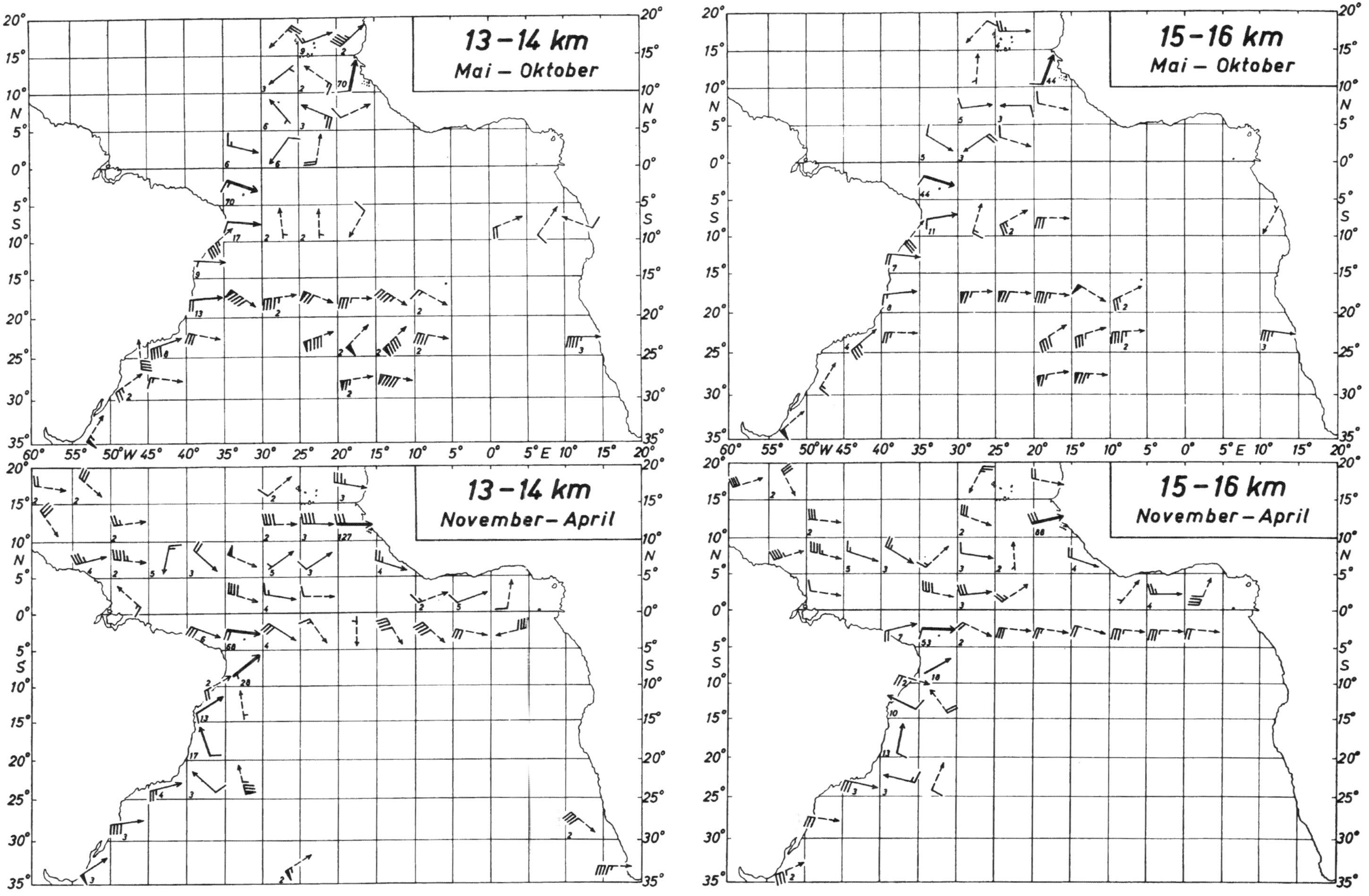

Tafel XI. Mittlere Vektoren für 13—14 und 15—16 km Höhe

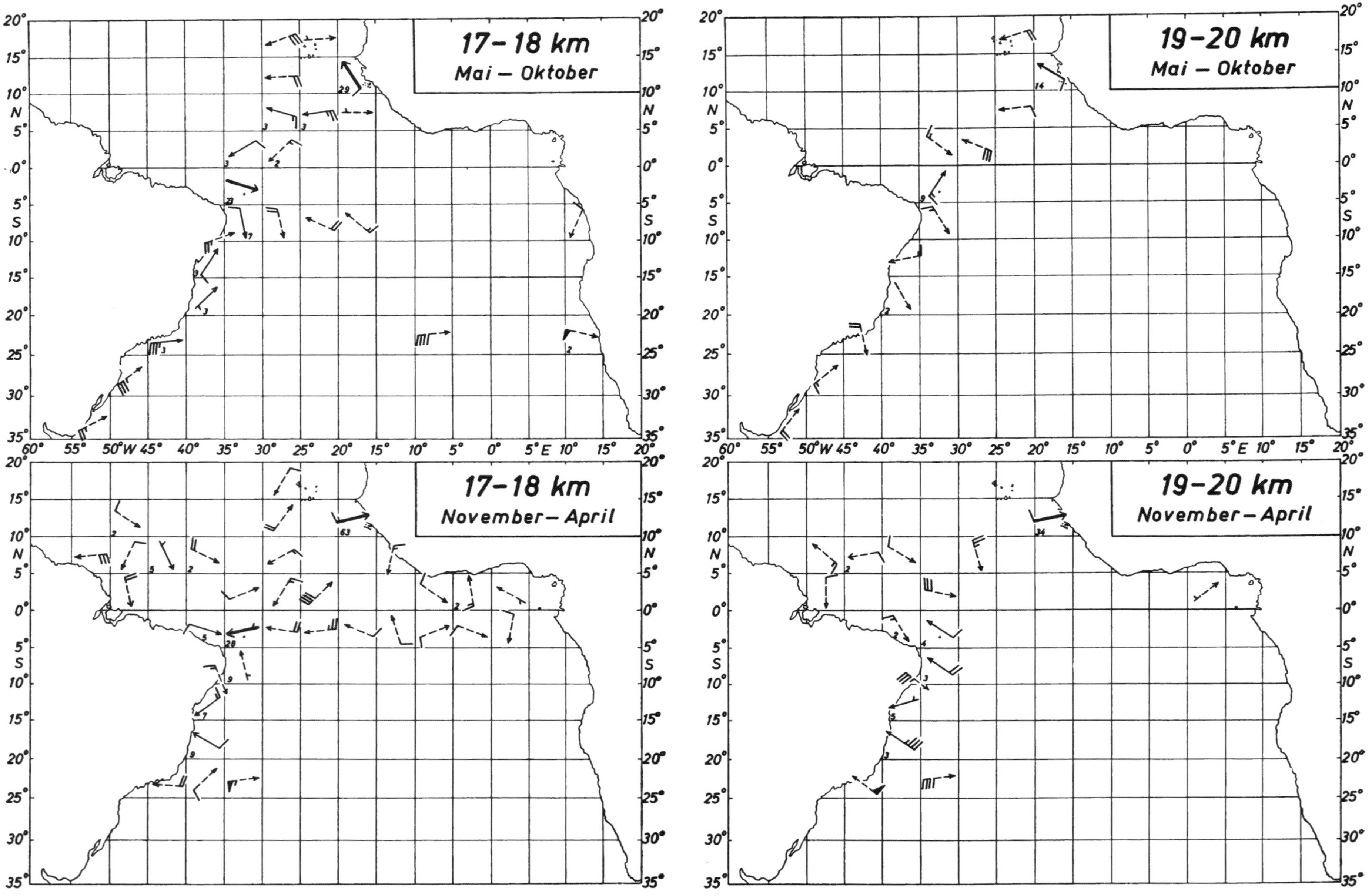

Tafel XII. Mittlere Vektoren für 17—18 und 19—20 km Höhe

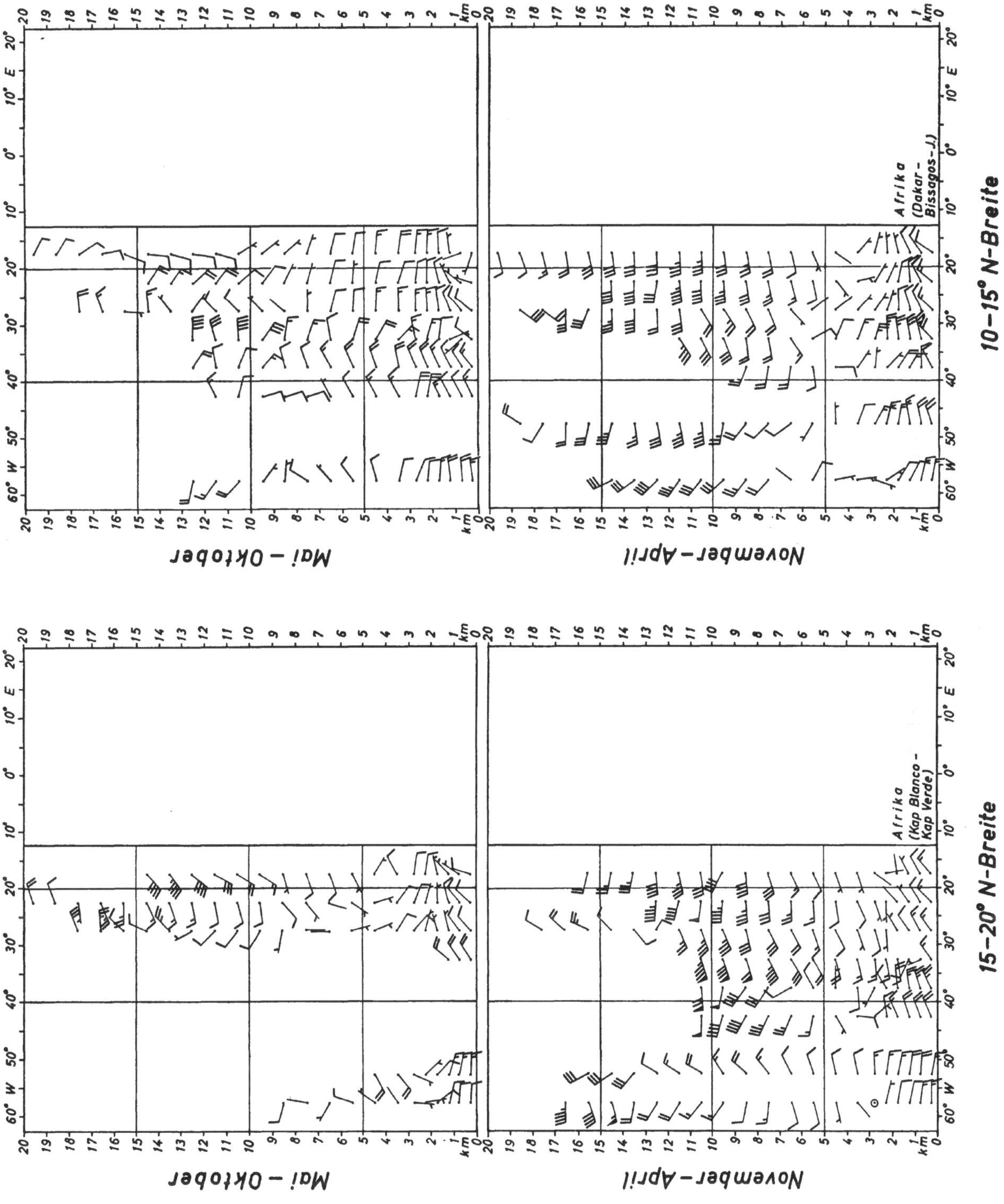

Tafel XIII. Zonale Vertikalschnitte für die mittleren Vektoren von 5°-Feldern in den Halbjahren, für die Breitenzonen 15—20° und 10—15° N

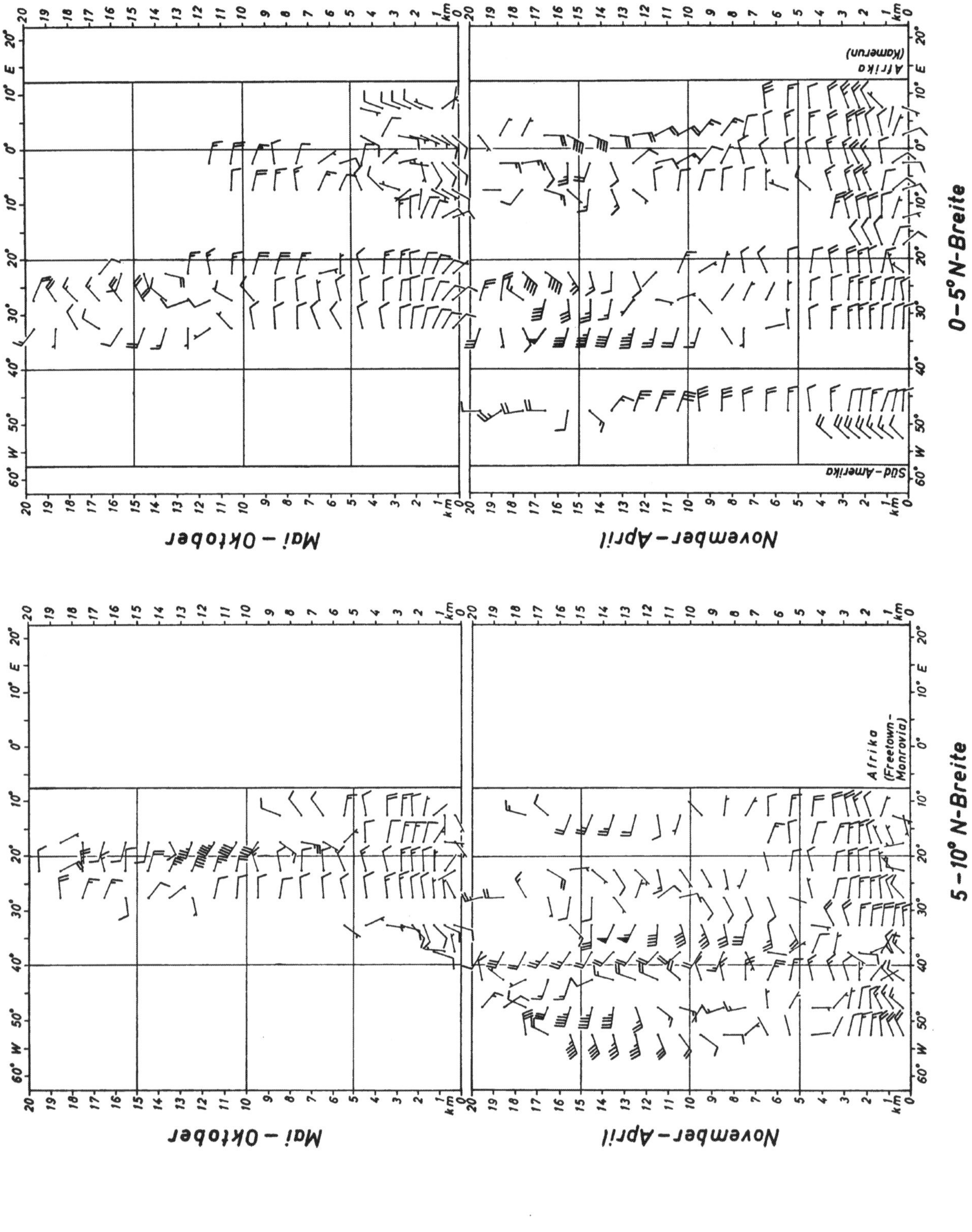

Tafel XIV. Zonale Vertikalschnitte für die mittleren Vektoren von 5°-Feldern in den Halbjahren, für die Breitenzonen 5—10° und 0—5° N

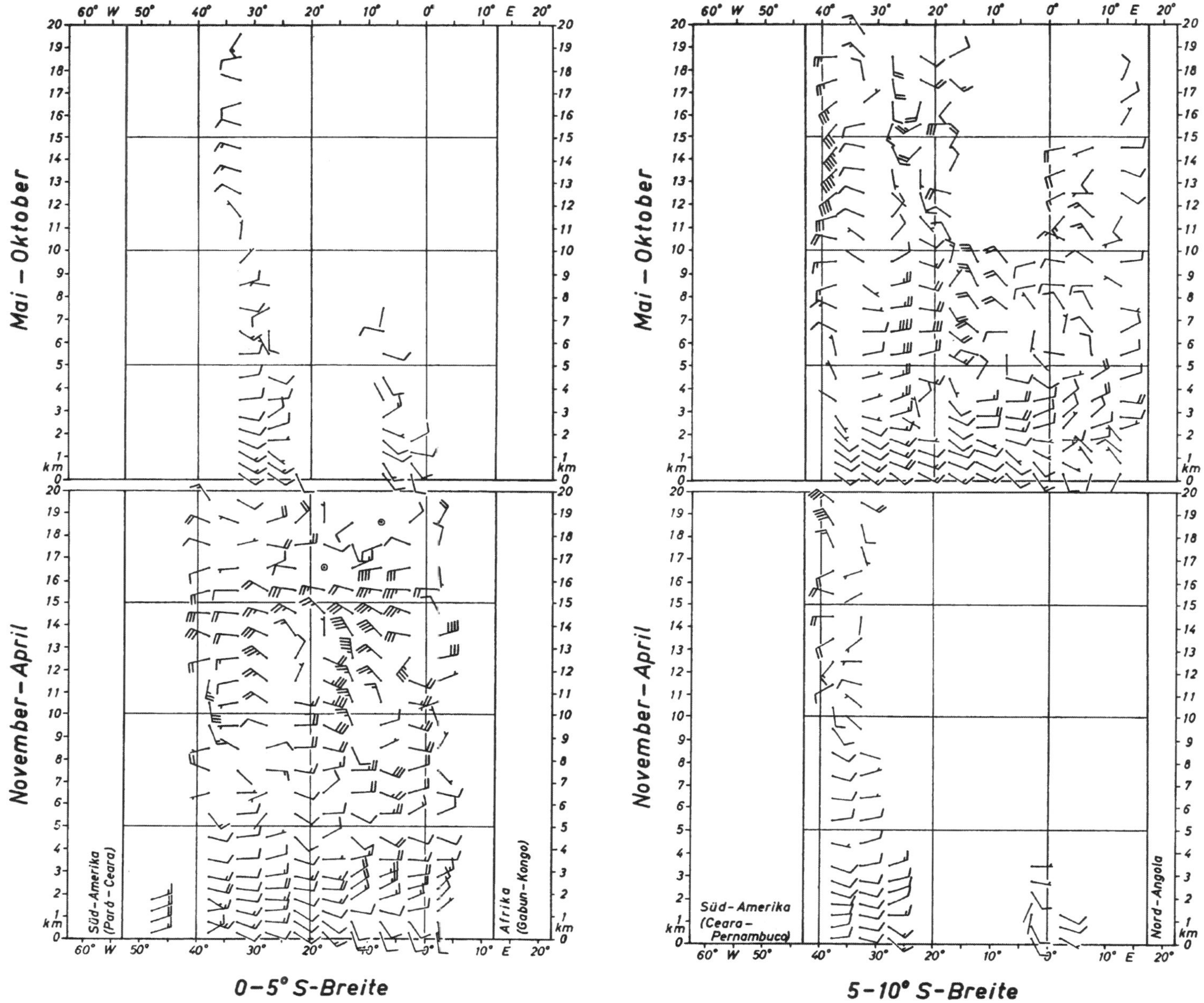

Tafel XV. Zonale Vertikalschnitte für die mittleren Vektoren von 5°-Feldern in den Halbjahren, für die Breitenzonen 0—5° S und 5—10° S

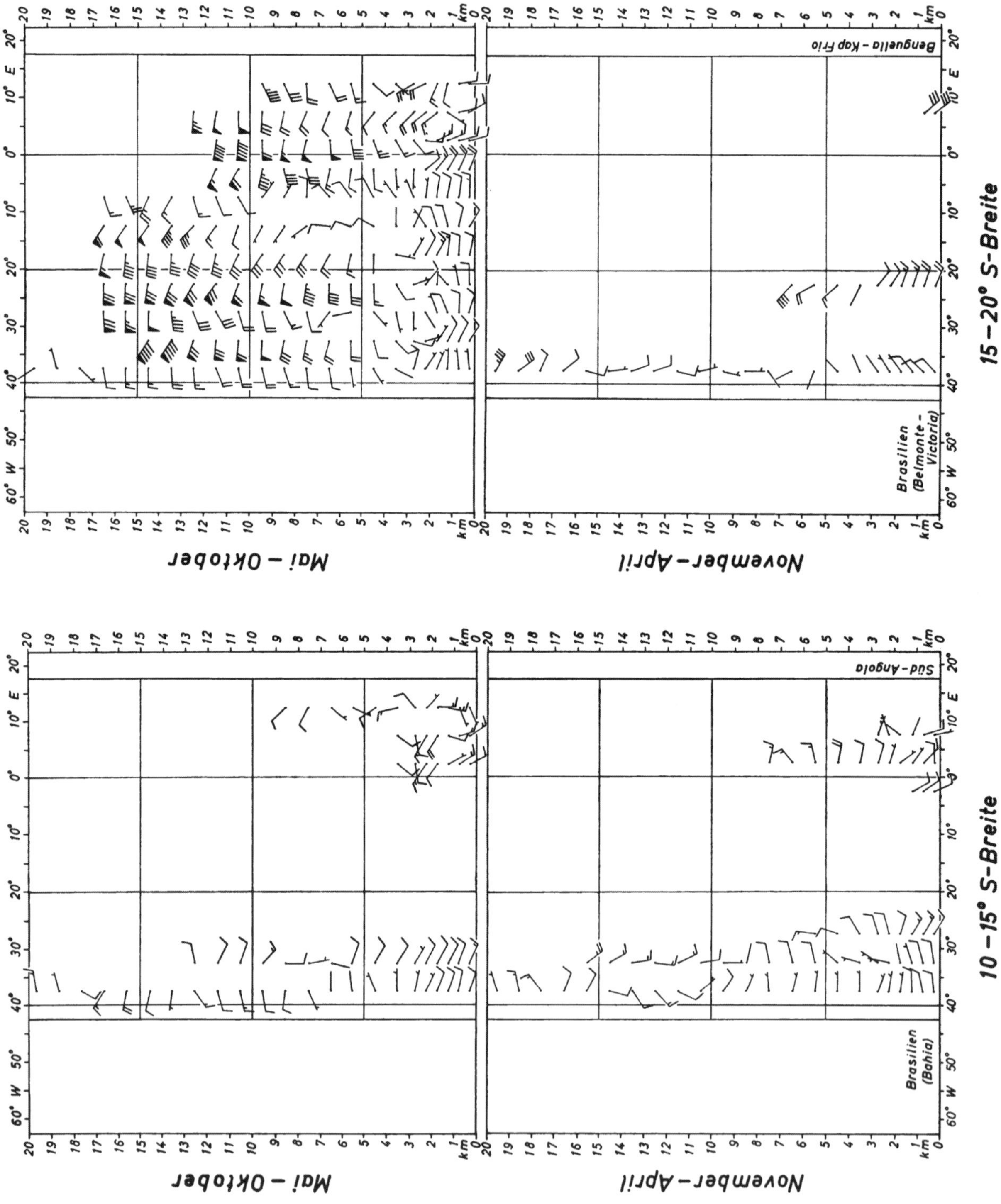

Tafel XVI. Zonale Vertikalschnitte für die mittleren Vektoren von 5°-Feldern in den Halbjahren, für die Breitenzonen 10—15° und 15—20° S

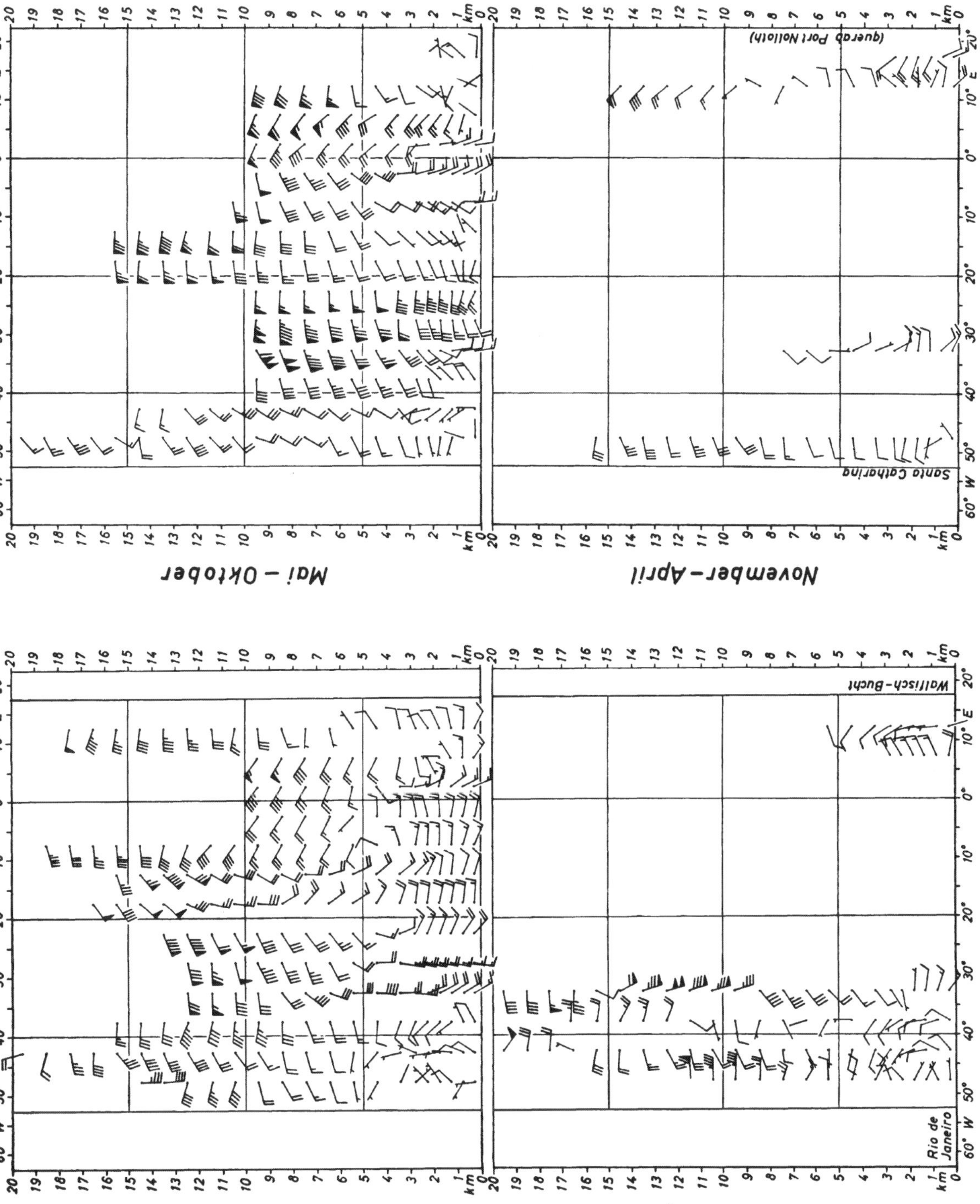

Tafel XVII. Zonale Vertikalschnitte für die mittleren Vektoren von 5°-Feldern in den Halbjahren, für die Zonenbreiten 20—25° und 25—30° S

Tabelle 3

Mittlere Komponenten und Vektoren, skalare Geschwindigkeiten sowie Beständigkeit des Windes in den verschiedenen Höhenstufen, berechnet für die 5⁰-Felder im Ozeangebiet 20⁰ N—30⁰ S für die Jahreshälfte Mai—Oktober

Tabelle 3a

Mittlere Windfaktoren für 5⁰-Felder auf Nordbreite zwischen 20⁰ N und Äquator (Nord-Sommer)

km	n	E	N	$\mathfrak{D}$	$\mathfrak{v}$	v	q
φ = 15—20° N; λ = 55—60° W							
8—9	1	— 3.7	+ 1.0	285	3.8	3.8	
7—8	1	+ 0.4	+ 3.0	7	3.0	3.0	
6—7	2	— 2.6	+ 1.6	302	3.1	3.2	
5—6	2	+ 1.4	+ 4.0	19	4.2	4.2	
4—5	2	+ 2.0	+ 2.8	35	3.4	3.5	
3—4	3	+ 1.1	+ 0.8	54	1.4	1.9	
2.5—3	5	+ 0.0	— 2.7	180	2.7	4.5	60
2—2.5	6	+ 0.6	— 2.8	168	2.9	4.7	62
1.5—2	10	+ 2.6	— 3.3	142	4.2	5.6	75
1—1.5	13	+ 4.5	— 1.5	108	4.7	6.5	72
0.5—1	14	+ 5.9	— 0.8	98	6.0	7.2	83
0—0.5	14	+ 6.3	— 0.1	91	6.3	7.3	86
Boden	12	+ 5.4	+ 1.7	73	5.8	6.0	97
φ = 15—20° N, λ = 50—55° W							
4—5	1	— 7.9	— 4.4	241	9.0	9.0	
3—4	1	— 7.6	— 6.6	229	10.1	10.1	
2.5—3	3	— 0.9	— 2.0	204	2.2	5.0	
2—2.5	5	+ 2.1	— 2.2	136	3.0	5.8	52
1.5—2	5	+ 3.1	— 3.0	134	4.3	6.1	70
1—1.5	6	+ 6.2	— 2.0	108	6.5	8.2	79
0.5—1	6	+ 7.2	— 1.4	101	7.3	9.0	81
0—0.5	6	+ 7.5	— 0.3	92	7.5	9.1	82
Boden	6	+ 5.7	+ 0.3	87	5.7	7.4	77
φ = 15—20⁰ N, λ = 30—35⁰ W							
1—1.5	1	+ 6.7	+ 8.7	37	11.0	11.0	
0.5—1	1	+ 8.8	+ 6.4	54	10.9	10.9	
0—0.5	1	+ 8.8	+ 6.4	54	10.9	10.9	
Boden	1	+ 4.4	+ 5.4	39	7.0	7.0	
φ = 15—20⁰ N, λ = 25—30⁰ W							
17—18	1	+ 15.1	+ 6.1	68	16.3	16.3	
16—17	1	+ 11.6	+ 0.8	86	11.6	11.6	
15—16	1	+ 3.8	+ 4.1	43	5.6	5.6	
14—15	1	+ 2.4	+ 5.1	25	5.6	5.6	
13—14	1	+ 9.3	+ 9.6	44	13.4	13.4	
12—13	6	— 1.3	+ 2.5	333	2.8	17.0	16
11—12	7	— 3.5	+ 3.7	317	5.1	13.2	39
10—11	7	— 2.9	+ 2.4	310	3.8	11.8	32
9—10	8	— 3.7	+ 2.4	303	4.4	9.9	44
8—9	8	— 2.6	+ 0.6	283	2.7	9.5	28
7—8	8	0.0	— 0.2	180	0.2	7.8	3
6—7	10	0.0	+ 0.3	360	0.3	6.0	5
5—6	11	+ 0.4	— 2.1	169	2.1	5.9	36
4—5	16	+ 1.2	— 3.0	158	3.2	8.1	39
3—4	20	+ 3.1	— 2.1	124	3.7	8.5	44
2.5—3	27	+ 2.9	— 2.5	131	3.8	8.7	44
2—2.5	28	+ 2.9	— 0.8	105	3.0	7.5	40
1.5—2	29	+ 3.2	+ 0.9	74	3.3	7.1	46
1—1.5	29	+ 3.1	+ 0.7	77	3.2	5.9	54
0.5—1	32	+ 4.1	+ 3.0	54	5.1	6.0	85
0—0.5	32	+ 4.7	+ 4.4	47	6.4	6.8	94
Boden	22	+ 4.5	+ 3.5	52	5.7	6.1	93
φ = 15—20⁰ N, λ = 20—25⁰ W							
19—20	1	+ 9.7	+ 3.2	72	10.2	10.2	
18—19	1	+ 4.0	+ 1.6	68	4.3	4.3	
17—18	1	— 2.8	— 0.2	267	2.8	2.8	
16—17	3	— 11.6	— 5.0	247	12.6	14.4	
15—16	4	— 12.5	+ 0.1	270	12.5	15.0	
14—15	9	— 6.9	— 3.2	245	7.6	13.4	57
13—14	9	— 6.4	— 2.3	250	6.8	13.3	51
12—13	10	— 6.6	— 1.2	259	6.7	12.6	53
11—12	10	— 5.3	— 0.7	262	5.5	12.1	45
10—11	12	— 5.9	— 1.3	257	6.0	12.4	48
9—10	14	— 6.3	— 0.5	265	6.3	9.6	66
8—9	17	— 2.7	— 2.3	230	3.5	7.8	45
7—8	18	— 2.2	— 1.8	231	2.8	7.5	37
6—7	23	— 0.3	— 1.0	197	1.0	5.4	19
5—6	28	— 1.5	— 2.3	213	2.7	6.2	44
4—5	41	+ 0.8	— 2.9	165	3.0	7.0	43
3—4	65	+ 3.2	— 2.4	127	4.0	7.8	51
2.5—3	82	+ 3.5	— 1.5	113	3.8	7.7	49
2—2.5	92	+ 3.3	— 0.9	105	3.4	7.1	48
1.5—2	110	+ 3.2	0.0	90	3.2	6.6	48
1—1.5	121	+ 3.7	+ 1.0	75	3.8	6.8	56
0.5—1	135	+ 4.4	+ 3.4	52	5.6	7.0	80
0—0.5	138	+ 4.1	+ 4.9	40	6.4	6.9	93
Boden	116	+ 2.6	+ 4.3	31	5.0	5.8	86

φ = 15—20° N, λ = 15—20° W

km	n	E	N	𝔇	𝔳	v	𝔮
14—15	2	— 14.9	— 14.4	226	20.7	21.9	
13—14	2	— 16.2	— 14.6	228	21.8	22.3	
12—13	3	— 12.3	— 15.6	218	19.8	20.2	
11—12	4	— 6.8	— 12.4	209	14.2	14.2	
10—11	4	— 5.8	— 9.0	213	10.7	10.7	
9—10	4	— 4.0	— 6.2	213	7.4	7.4	
8—9	4	— 2.1	— 0.6	254	2.2	2.9	
7—8	5	— 3.8	— 1.5	248	4.1	4.7	87
6—7	7	— 4.8	— 1.8	249	5.1	7.0	73
5—6	9	— 2.2	— 1.2	241	2.5	5.0	50
4—5	13	+ 1.6	— 0.9	120	1.8	6.0	30
3—4	15	+ 3.9	+ 2.2	60	4.5	7.8	58
2.5—3	19	+ 5.4	— 0.7	98	5.4	8.5	64
2—2.5	25	+ 4.1	— 0.5	97	4.1	7.7	53
1.5—2	28	+ 2.9	+ 0.6	78	3.0	7.0	43
1—1.5	36	+ 1.6	+ 1.6	45	2.3	7.0	33
0.5—1	38	+ 1.5	+ 2.4	32	2.8	5.9	47
0—0.5	39	+ 1.3	+ 4.5	16	4.7	6.7	70
Boden	30	0.0	+ 5.1	360	5.1	6.6	77

φ = 10—15° N, λ = 55—60° W

km	n	E	N	𝔇	𝔳	v	𝔮
12—13	1	— 8.8	+ 2.0	283	9.0	9.0	
11—12	1	— 6.6	+ 4.9	307	8.2	8.2	
10—11	1	— 7.6	+ 7.3	314	10.5	10.5	
9—10	2	+ 1.2	— 0.9	127	1.5	7.3	
8—9	2	+ 2.2	— 0.2	95	2.2	6.9	
7—8	2	+ 1.7	+ 3.0	30	3.5	7.5	
6—7	2	+ 2.4	+ 2.3	46	3.3	5.8	
5—6	3	+ 3.5	+ 2.7	52	4.4	5.4	
4—5	3	+ 3.8	+ 1.1	73	4.0	4.5	
3—4	3	+ 3.8	— 0.7	101	3.9	3.9	
2.5—3	3	+ 3.8	— 1.5	112	4.1	4.1	
2—2.5	5	+ 6.0	— 0.5	95	6.0	6.0	100
1.5—2	5	+ 7.3	— 0.3	93	7.3	7.4	99
1—1.5	6	+ 9.6	+ 1.2	83	9.7	9.7	100
0.5—1	6	+ 8.8	+ 0.8	85	8.8	8.9	99
0—0.5	6	+ 7.4	+ 0.7	84	7.4	7.9	94
Boden	6	+ 6.5	+ 2.0	73	6.8	7.0	97

φ = 10—15° N, λ = 40—45° W

km	n	E	N	𝔇	𝔳	v	𝔮
11—12	1	+ 7.1	+ 3.8	62	8.1	8.1	
10—11	1	+ 5.9	— 1.4	104	6.1	6.1	
9—10	1	+ 1.4	— 4.8	164	5.0	5.0	
8—9	1	+ 1.4	— 4.8	164	5.0	5.0	
7—8	1	+ 1.4	— 4.8	164	5.0	5.0	
6—7	1	+ 1.8	+ 1.0	61	2.1	2.1	
5—6	1	+ 4.8	+ 2.7	60	5.5	5.5	
4—5	1	+ 5.7	+ 3.2	61	6.5	6.5	
3—4	1	+ 6.1	+ 3.4	61	7.0	7.0	
2.5—3	1	+ 9.3	— 1.6	100	9.4	9.4	
2—2.5	1	+ 8.4	— 1.4	100	8.5	8.5	
1.5—2	1	+ 6.1	+ 3.4	60	7.0	7.0	
1—1.5	1	+ 5.3	+ 3.1	59	6.1	6.1	
0.5—1	1	+ 5.2	+ 3.0	60	6.0	6.0	
0—0.5	1	+ 6.1	+ 3.4	61	7.0	7.0	
Boden	1	+ 6.9	+ 3.9	60	7.9	7.9	

φ = 10—15° N, λ = 35—40° W

km	n	E	N	𝔇	𝔳	v	𝔮
12—13	3	+ 7.7	— 4.2	119	8.8	11.6	
11—12	3	+ 3.8	+ 0.6	81	3.8	6.9	
10—11	4	+ 5.1	— 2.0	111	5.5	6.4	
9—10	5	+ 5.2	— 4.3	130	6.8	8.6	79
8—9	8	+ 4.6	+ 1.2	75	4.7	8.3	57
7—8	9	+ 5.3	+ 1.8	71	5.6	7.2	78
6—7	9	+ 7.1	+ 4.1	60	8.2	9.1	90
5—6	9	+ 9.6	+ 4.0	67	10.4	10.6	98
4—5	9	+ 8.1	+ 2.6	72	8.5	9.1	93
3—4	9	+ 9.0	+ 1.8	79	9.2	10.2	90
2.5—3	10	+ 9.6	+ 4.0	67	10.4	11.3	92
2—2.5	10	+ 8.4	+ 3.5	67	9.1	9.8	93
1.5—2	10	+ 6.2	+ 2.7	66	6.8	7.9	86
1—1.5	10	+ 5.0	+ 2.3	65	5.5	6.6	83
0.5—1	10	+ 4.9	+ 3.3	56	5.9	6.9	85
0—0.5	10	+ 5.3	+ 4.3	51	6.8	7.4	92
Boden	10	+ 3.0	+ 4.2	35	5.2	6.7	78

φ = 10—15° N, λ = 30—35° W

km	n	E	N	𝔇	𝔳	v	𝔮
12—13	1	+ 18.8	+ 0.7	88	18.8	18.8	
11—12	1	+ 13.2	+ 4.1	73	13.8	13.8	
10—11	1	+ 18.5	+ 0.6	88	18.5	18.5	
9—10	1	+ 12.7	— 8.8	125	15.4	15.4	
8—9	2	+ 6.9	— 0.9	98	7.0	7.0	
7—8	2	+ 6.8	— 2.3	109	7.2	7.2	
6—7	2	+ 4.7	+ 0.9	79	4.8	4.8	
5—6	3	+ 8.2	— 2.4	107	8.6	9.3	
4—5	3	+ 7.9	— 4.4	119	9.0	10.7	
3—4	3	+ 4.9	— 4.7	134	6.8	12.3	
2.5—3	3	+ 7.6	+ 1.5	79	7.8	7.8	
2—2.5	3	+ 6.6	— 1.6	104	6.8	8.0	
1.5—2	3	+ 3.9	— 0.5	97	3.9	4.9	
1—1.5	3	+ 0.6	— 1.5	158	1.6	4.8	
0.5—1	3	— 1.9	+ 2.0	316	2.8	2.9	
0—0.5	3	+ 3.4	+ 4.8	35	5.8	6.1	
Boden	3	+ 4.4	+ 5.3	39	6.9	7.2	

φ = 10—15° N, λ = 25—30° W

km	n	E	N	𝔇	𝔳	v	𝔮
17—18	1	+ 9.2	+ 1.0	84	9.2	9.2	
16—17	1	+ 7.4	+ 2.7	70	7.9	7.9	
15—16	1	— 0.1	— 2.0	182	2.0	2.0	
14—15	1	+ 7.7	+ 0.4	87	7.7	7.7	
13—14	3	+ 1.3	+ 1.1	50	1.7	6.1	
12—13	3	+ 2.3	— 1.6	125	2.8	7.0	
11—12	4	+ 3.4	+ 3.3	46	4.7	7.9	
10—11	8	+ 3.4	+ 3.4	45	4.8	11.5	42
9—10	12	+ 2.0	+ 2.0	45	2.8	11.6	24

km	*n*	*E*	*N*	𝔇	𝔳	*v*	q
8—9	16	+ 0.8	+ 1.0	38	1.3	8.2	16
7—8	19	+ 3.0	0.0	90	3.0	6.9	43
6—7	29	+ 4.1	— 1.1	105	4.2	6.6	64
5—6	33	+ 4.6	— 0.2	93	4.6	6.6	70
4—5	41	+ 6.5	— 0.1	91	6.5	7.3	89
3—4	55	+ 7.0	0.0	90	7.0	7.9	89
2.5—3	69	+ 7.4	— 0.2	92	7.4	8.6	86
2—2.5	87	+ 6.6	+ 0.2	88	6.6	7.9	84
1.5—2	97	+ 5.2	+ 0.6	83	5.2	6.6	79
1—1.5	107	+ 3.9	+ 1.5	69	4.2	6.4	66
0.5—1	116	+ 3.0	+ 2.6	49	4.0	6.1	66
0—0.5	122	+ 2.7	+ 3.5	38	4.4	6.2	71
Boden	111	+ 1.9	+ 2.6	36	3.2	4.6	70

φ = 10—15° N; λ = 20—25° W

km	*n*	*E*	*N*	𝔇	𝔳	*v*	q
14—15	2	+ 8.8	— 5.9	124	10.6	11.3	
13—14	2	+ 6.2	— 4.4	125	7.6	8.5	
12—13	2	+ 6.3	— 7.1	138	9.5	10.3	
11—12	5	+ 8.5	— 6.4	127	10.7	13.1	82
10—11	5	+ 4.2	— 4.9	140	6.4	9.6	67
9—10	6	+ 4.1	— 3.0	126	5.1	7.5	68
8—9	6	+ 2.2	— 1.0	114	2.4	7.0	34
7—8	8	+ 3.3	— 0.8	104	3.4	7.2	47
6—7	9	+ 3.9	— 0.8	102	4.0	7.1	56
5—6	12	+ 3.4	— 0.2	93	3.4	6.5	52
4—5	17	+ 4.4	— 0.9	102	4.5	6.8	66
3—4	28	+ 3.7	— 1.2	108	3.9	7.7	51
2.5—3	40	+ 5.5	— 0.5	95	5.5	8.3	66
2—2.5	44	+ 4.8	0.0	90	4.8	7.4	65
1.5—2	52	+ 3.6	+ 0.8	77	3.7	6.7	55
1—1.5	59	+ 2.1	+ 1.1	62	2.4	5.3	45
0.5—1	62	+ 1.4	+ 1.9	37	2.4	5.4	44
0—0.5	65	+ 0.8	+ 2.6	17	2.7	5.3	51
Boden	55	+ 0.6	+ 2.1	16	2.2	4.6	48

φ = 10—15° N; λ = 15—20° W

km	*n*	*E*	*N*	𝔇	𝔳	*v*	q
23—24	1	+ 6.9	+ 0.1	89	6.9	6.9	
22—23	1	+ 1.7	— 5.1	162	5.4	5.4	
21—22	5	+ 11.8	— 1.3	96	11.9	13.4	89
20—21	10	+ 6.8	— 1.3	101	6.9	9.3	74
19—20	14	+ 4.9	— 2.8	120	5.7	9.0	63
18—19	21	+ 5.5	— 3.2	120	6.4	8.6	74
17—18	29	+ 2.5	— 3.9	147	4.6	9.2	50
16—17	38	+ 1.0	— 5.6	170	5.7	9.9	58
15—16	44	— 2.2	— 6.0	200	6.4	11.0	58
14—15	59	— 0.3	— 4.5	184	4.5	11.4	39
13—14	70	— 1.1	— 5.5	191	5.6	12.9	43
12—13	76	— 0.7	— 4.8	188	4.8	12.0	40
11—12	87	— 0.9	— 3.5	194	3.6	10.7	34
10—11	101	+ 1.3	— 2.0	147	2.4	9.8	24
9—10	118	+ 1.2	— 1.5	141	1.9	8.2	23
8—9	132	+ 1.7	— 1.9	138	2.5	7.4	34
7—8	146	+ 2.3	— 0.8	109	2.4	6.8	35
6—7	174	+ 3.7	— 0.8	102	3.8	6.6	58
5—6	218	+ 4.8	— 0.7	98	4.8	7.0	69
4—5	301	+ 7.3	— 0.6	95	7.3	9.1	80
3—4	436	+ 8.6	— 0.9	96	8.7	10.3	84
2.5—3	566	+ 7.9	— 0.5	94	7.9	9.8	81
2—2.5	615	+ 6.7	— 0.0	90	6.7	8.6	78
1.5—2	668	+ 4.6	+ 0.3	86	4.6	6.8	68
1—1.5	701	+ 2.4	+ 0.3	83	2.4	5.4	44
0.5—1	740	— 0.1	+ 0.3	342	0.3	4.8	6
0—0.5	754	— 1.9	+ 0.7	290	2.0	4.5	44
Boden	62	— 1.7	+ 1.7	315	2.4	3.7	65

φ = 5—10° N, λ = 35—40° W

km	*n*	*E*	*N*	𝔇	𝔳	*v*	q
1—1.5	1	— 1.0	— 3.5	196	3.6	3.6	
0.5—1	1	+ 0.1	+ 1.7	3	1.7	1.7	
0—0.5	1	+ 2.2	+ 0.6	75	2.3	2.3	
Boden	1	+ 4.2	+ 4.2	45	5.9	5.9	

φ = 5—10° N, λ = 30—35° W

km	*n*	*E*	*N*	𝔇	𝔳	*v*	q
5—6	1	— 1.5	— 2.4	212	2.8	2.8	
4—5	1	+ 1.1	— 2.6	157	2.8	2.8	
3—4	2	— 0.2	— 3.4	183	3.4	4.4	
2.5—3	2	— 1.1	— 4.2	195	4.3	4.9	
2—2.5	2	— 4.4	— 4.2	226	6.1	6.2	
1.5—2	3	— 4.4	— 1.7	248	4.7	5.4	
1—1.5	3	— 3.1	— 3.5	222	4.7	4.8	
0.5—1	3	— 2.2	— 5.2	202	5.7	5.9	
0—0.5	3	— 1.4	— 5.2	195	5.4	5.5	
Boden	3	— 0.7	— 3.8	190	3.9	4.1	

φ = 5—10° N, λ = 25—30° W

km	*n*	*E*	*N*	𝔇	𝔳	*v*	q
18—19	2	+ 10.3	+ 1.7	81	10.5	10.6	
17—18	3	+ 6.9	— 1.8	105	7.1	8.3	
16—17	3	+ 6.9	— 2.7	111	7.4	7.5	
15—16	5	— 4.7	— 0.5	263	4.7	9.6	49
14—15	5	+ 4.6	— 3.6	128	5.8	9.8	59
13—14	6	+ 2.1	— 2.5	140	3.3	9.7	34
12—13	9	— 2.4	— 0.6	256	2.5	10.6	24
11—12	12	+ 5.1	— 0.9	100	5.1	10.2	50
10—11	12	+ 4.6	— 0.2	93	4.6	9.3	49
9—10	14	+ 5.4	+ 0.4	86	5.4	7.7	70
8—9	21	+ 4.7	— 0.4	95	4.7	7.2	65
7—8	26	+ 5.0	+ 0.5	84	5.0	7.5	67
6—7	31	+ 6.1	+ 0.6	84	6.1	7.8	78
5—6	49	+ 4.9	+ 1.3	75	5.1	7.0	73
4—5	61	+ 5.6	+ 0.7	83	5.6	7.2	78
3—4	72	+ 6.6	+ 0.8	83	6.6	8.2	80
2.5—3	85	+ 6.7	+ 1.0	82	6.8	8.2	83
2—2.5	92	+ 5.5	+ 0.5	85	5.5	7.6	72
1.5—2	105	+ 4.1	+ 0.7	80	4.2	6.4	66
1—1.5	119	+ 3.1	+ 0.3	85	3.1	5.8	53
0.5—1	129	+ 1.8	+ 0.3	81	1.8	5.3	34
0—0.5	132	+ 1.2	+ 0.7	60	1.4	5.8	24
Boden	117	+ 1.0	+ 0.5	63	1.1	4.4	25

km	n	E	N	$\mathfrak{D}$	$\mathfrak{v}$	v	$\mathfrak{q}$
φ = 5—10° N, λ = 20—25° W							
19—20	1	+ 6.2	+ 0.8	83	6.2	6.2	
18—19	2	+ 4.6	— 9.1	153	10.2	7.8	
17—18	3	+ 11.5	+ 2.1	80	11.7	12.2	
16—17	3	+ 7.2	+ 2.0	74	7.5	7.9	
15—16	3	+ 4.1	0.0	90	4.1	4.7	
14—15	3	+ 8.4	— 2.1	104	8.7	9.5	
13—14	3	+ 12.4	— 5.0	112	13.4	13.5	
12—13	3	+ 17.8	— 6.0	109	18.8	19.1	
11—12	5	+ 12.3	— 2.8	103	12.6	13.4	94
10—11	6	+ 9.3	— 1.5	99	9.4	10.2	92
9—10	7	+ 6.1	+ 2.3	69	6.5	10.5	62
8—9	7	+ 5.6	+ 1.1	79	5.7	7.1	80
7—8	7	+ 6.3	0.0	90	6.3	7.2	87
6—7	8	+ 5.8	+ 0.6	84	5.8	7.1	82
5—6	9	+ 5.6	+ 2.7	64	6.2	7.9	78
4—5	13	+ 7.4	+ 2.4	72	7.8	8.8	89
3—4	22	+ 3.5	+ 1.0	74	3.6	10.1	36
2.5—3	29	+ 7.1	+ 0.4	87	7.1	9.2	77
2—2.5	36	+ 6.9	+ 0.6	85	6.9	8.9	78
1.5—2	41	+ 5.1	+ 0.5	84	5.1	6.8	75
1—1.5	46	+ 2.3	0.0	90	2.3	5.1	45
0.5—1	50	+ 0.4	— 0.3	127	0.5	4.6	11
0—0.5	52	— 0.5	+ 0.9	331	1.0	4.6	22
Boden	46	— 1.1	+ 0.9	309	1.4	4.1	34
φ = 5—10° N, λ = 15—20° W							
18—19		+ 1	— 2	153	2		
17—18		— 2	0	270	2		
16—17		— 4	+ 1	284	4		
15—16		— 4	+ 1	284	4		
14—15		— 5	+ 1	281	5		
13—14	1	— 4.3	— 2.0	245	4.7	4.7	
12—13	1	— 16.0	+ 6.0	291	17.1	17.1	
11—12	1	— 18.4	+ 11.0	301	21.5	21.5	
10—11	1	— 17.8	+ 11.0	302	21.0	21.0	
9—10	1	— 11.6	+ 8.0	305	14.1	14.1	
8—9	1	— 4.8	— 6.7	215	8.2	8.2	
7—8	1	— 2.1	— 12.6	189	12.7	12.7	
6—7	3	— 1.1	— 1.9	210	2.2	4.6	
5—6	4	+ 1.8	— 1.8	135	2.6	3.8	
4—5	5	+ 3.8	+ 0.1	88	3.8	4.6	83
3—4	6	+ 5.7	— 0.9	99	5.8	6.5	89
2.5—3	7	+ 7.9	— 1.1	98	7.9	8.1	98
2—2.5	8	+ 8.2	— 1.3	99	8.3	9.5	87
1.5—2	11	+ 4.2	— 0.8	101	4.3	5.9	73
1—1.5	11	+ 1.7	— 1.1	123	2.0	4.7	43
0.5—1	11	— 0.2	— 1.9	186	1.9	3.9	49
0—0.5	11	— 1.6	— 1.2	233	2.0	3.9	51
Boden	11	— 3.8	— 2.7	235	4.7	5.7	83
φ = 5—10° N, λ = 10—15° W							
8—9	1	+ 1.7	+ 4.8	20	5.1	5.1	
7—8	1	+ 4.3	+ 3.3	52	5.4	5.4	
6—7	1	+ 3.0	+ 2.2	53	3.7	3.7	
5—6	2	+ 7.6	— 1.0	98	7.7	7.8	
4—5	4	+ 6.0	+ 1.0	80	6.1	6.7	
3—4	5	+ 9.3	+ 0.3	88	9.3	9.4	99
2.5—3	6	+ 7.2	— 0.2	92	7.2	7.7	94
2—2.5	9	+ 3.9	+ 0.3	86	3.9	4.9	80
1.5—2	9	+ 1.9	— 0.4	102	1.9	3.3	58
1—1.5	10	+ 0.4	— 0.5	141	0.6	2.9	21
0.5—1	10	— 1.1	0.0	270	1.1	3.5	31
0—0.5	11	— 1.6	— 0.8	243	1.8	4.2	43
Boden	7	— 3.0	— 2.3	233	3.8	5.2	73
φ = 0—5° N, λ = 30—35° W							
21—22	1	— 3.4	+ 4.2	321	5.4	5.4	
20—21	1	— 8.7	+ 0.6	274	8.7	8.7	
19—20	1	— 6.1	+ 4.7	308	7.7	7.7	
18—19	3	— 3.1	+ 0.1	272	3.1	5.3	
17—18	3	+ 4.9	+ 3.0	58	5.8	6.7	
16—17	3	+ 2.3	+ 3.8	31	4.5	5.0	
15—16	5	— 3.5	+ 2.2	302	4.1	9.0	46
14—15	5	— 8.6	+ 3.1	290	9.1	10.9	84
13—14	6	— 7.4	+ 1.8	284	7.6	10.2	75
12—13	8	— 3.1	0.0	270	3.1	8.8	35
11—12	11	— 0.8	+ 1.3	328	1.5	8.9	17
10—11	14	+ 1.3	+ 1.2	47	1.8	7.5	24
9—10	15	+ 3.5	+ 0.7	79	3.6	8.4	43
8—9	19	+ 4.6	+ 0.5	84	4.6	7.8	59
7—8	22	+ 4.5	0.0	90	4.5	7.0	64
6—7	23	+ 5.1	+ 2.2	67	5.5	7.1	77
5—6	27	+ 4.8	+ 3.0	58	5.7	7.5	76
4—5	35	+ 5.5	+ 1.3	77	5.6	7.0	80
3—4	44	+ 5.8	+ 0.9	81	5.9	7.3	81
2.5—3	55	+ 5.1	0.0	90	5.1	6.7	76
2—2.5	58	+ 4.5	— 0.3	94	4.5	5.8	78
1.5—2	63	+ 3.8	— 0.8	102	3.9	5.6	70
1—1.5	67	+ 4.2	— 2.2	118	4.8	6.3	76
0.5—1	68	+ 5.0	— 3.4	124	6.0	7.2	83
0—0.5	68	+ 3.9	— 3.7	134	5.4	6.7	81
Boden	62	+ 3.3	— 2.6	128	4.2	5.1	82
φ = 0—5° N, λ = 25—30° W							
20—21	1	+ 15.7	— 3.1	101	16.0	16.0	
19—20	1	+ 14.8	— 5.7	111	15.8	15.8	
18—19	2	+ 8.1	+ 6.0	53	10.1	11.9	
17—18	2	+ 4.5	+ 4.7	44	6.5	8.8	
16—17	3	+ 5.3	+ 4.8	48	7.1	10.2	
15—16	3	+ 8.9	+ 7.0	52	11.3	13.2	
14—15	4	+ 8.7	+ 5.1	60	10.1	12.5	
13—14	6	+ 3.4	+ 4.4	38	5.6	10.9	51
12—13	10	— 1.5	+ 5.0	343	5.2	10.7	49
11—12	13	— 2.4	+ 5.8	338	6.3	11.1	57
10—11	15	+ 2.2	+ 4.1	28	4.6	10.2	45
9—10	18	+ 3.8	+ 3.4	48	5.1	7.1	72
8—9	22	+ 4.9	+ 0.1	89	4.9	6.7	73

km	n	E	N	𝔇	𝔳	v	𝔮
7—8	26	+ 4.8	+ 0.5	84	4.8	7.2	67
6—7	37	+ 3.4	+ 0.4	83	3.4	5.5	62
5—6	53	+ 4.8	+ 1.4	74	5.0	6.4	78
4—5	75	+ 5.5	+ 0.7	83	5.5	6.6	83
3—4	92	+ 5.9	+ 0.3	87	5.9	6.6	89
2.5—3	110	+ 5.5	− 0.3	93	5.5	6.5	85
2—2.5	125	+ 4.8	+ 0.6	83	4.8	5.8	83
1.5—2	138	+ 3.9	− 0.4	96	3.9	5.3	74
1—1.5	154	+ 3.4	− 1.4	112	3.7	5.3	70
0.5—1	159	+ 3.2	− 2.9	132	4.3	5.4	80
0—0.5	159	+ 3.0	− 3.6	140	4.7	5.7	82
Boden	139	+ 2.7	− 3.6	143	4.5	4.9	92

$\varphi = 0$—$5°$ N, $\lambda = 20$—$25°$ W

km	n	E	N	𝔇	𝔳	v	𝔮
16—17	1	+ 3.1	− 2.6	130	4.0	4.0	
15—16	1	− 3.7	+ 1.2	288	3.9	3.9	
14—15	1	− 9.5	− 3.1	252	10.0	10.0	
13—14	1	− 1.7	− 9.6	190	9.7	9.7	
12—13	3	+ 7.3	− 0.9	97	7.3	8.8	
11—12	3	+ 7.0	+ 1.1	81	7.1	9.6	
10—11	4	+ 8.1	− 0.2	91	8.1	11.1	
9—10	4	+ 9.2	− 2.4	105	9.5	11.5	
8—9	4	+ 9.4	− 2.5	105	9.7	10.5	
7—8	5	+ 7.2	− 1.8	104	7.4	9.2	80
6—7	5	+ 0.5	− 2.8	170	2.8	6.9	41
5—6	5	+ 3.0	− 0.1	92	3.0	4.2	71
4—5	6	+ 5.5	+ 1.7	73	5.8	6.8	85
3—4	6	+ 8.0	− 0.4	93	8.0	9.7	83
2.5—3	7	+ 7.5	0.0	90	7.5	8.2	91
2—2.5	8	+ 6.1	+ 0.5	85	6.1	6.7	91
1.5—2	9	+ 3.7	− 1.0	105	3.8	5.2	73
1—1.5	10	+ 3.9	− 2.0	117	4.4	4.6	96
0.5—1	11	+ 3.2	− 3.0	133	4.4	4.5	98
0—0.5	11	+ 1.9	− 2.5	143	3.1	4.9	63
Boden	11	+ 1.8	− 1.8	135	2.6	4.1	63

$\varphi = 0$—$5°$ N, $\lambda = 10$—$15°$ W

km	n	E	N	𝔇	𝔳	v	𝔮
2.5—3	1	+ 8.3	+ 0.3	88	8.3	8.3	
2—2.5	2	+ 5.4	0.0	90	5.4	5.2	
1.5—2	2	+ 5.0	− 2.1	113	5.4	6.4	
1—1.5	2	+ 3.3	− 1.5	114	3.6	5.0	
0.5—1	3	+ 2.2	− 3.8	150	4.4	5.3	
0—0.5	3	+ 2.4	− 5.7	157	6.2	7.0	
Boden	1	+ 7.0	− 8.4	141	10.9	10.9	

$\varphi = 0$—$5°$ N, $\lambda = 5$—$10°$ W

km	n	E	N	𝔇	𝔳	v	𝔮
10—11	1	+ 3.8	− 0.1	92	3.8	3.8	
9—10	2	+ 9.1	− 1.9	102	9.3	9.3	
8—9	2	+ 8.3	− 0.5	94	8.3	8.5	
7—8	2	+ 6.8	+ 0.8	83	6.8	6.9	
6—7	2	+ 6.6	− 2.7	113	7.1	7.1	
5—6	2	+ 5.5	− 2.9	118	6.2	6.2	
4—5	2	+ 3.9	+ 1.8	65	4.3	4.4	
3—4	3	+ 4.5	+ 4.4	45	6.3	6.9	
2.5—3	4	+ 0.9	+ 2.8	18	2.9	4.3	
2—2.5	4	− 1.0	+ 1.4	324	1.7	3.1	
1.5—2	5	− 1.4	+ 0.2	278	1.4	2.9	48
1—1.5	9	− 0.7	− 1.4	207	1.6	5.0	32
0.5—1	10	− 1.4	− 2.8	207	3.1	4.6	67
0—0.5	11	− 2.1	− 3.9	208	4.4	5.5	80
Boden	8	− 3.7	− 7.1	207	8.0	8.6	93

$\varphi = 0$—$5°$ N, $\lambda = 0$—$5°$ W

km	n	E	N	𝔇	𝔳	v	𝔮
11—12	1	+ 7.6	− 1.5	101	7.8	7.8	
10—11	2	+ 9.5	− 1.4	99	9.6	9.6	
9—10	2	+ 7.1	− 2.6	110	7.6	7.6	
8—9	2	+ 6.1	+ 0.7	83	6.1	6.1	
7—8	2	+ 4.4	− 1.3	107	4.6	4.6	
6—7	2	+ 1.7	− 2.6	147	3.1	3.1	
5—6	2	+ 1.4	− 5.5	166	5.7	5.8	
4—5	3	+ 3.6	− 0.7	101	3.7	3.7	
3—4	3	+ 1.5	− 1.8	140	2.3	2.6	
2.5—3	5	+ 0.4	− 2.1	169	2.1	2.4	88
2—2.5	7	− 0.1	− 0.7	188	0.7	2.1	33
1.5—2	9	− 3.3	− 0.7	258	3.4	3.7	92
1—1.5	10	− 3.5	− 2.1	239	4.1	5.5	75
0.5—1	11	− 2.9	− 3.1	223	4.2	5.5	76
0—0.5	11	− 3.1	− 4.2	216	5.2	5.8	90
Boden	11	− 2.8	− 5.9	205	6.5	7.1	92

$\varphi = 0$—$5°$ N, $\lambda = 0$—$5°$ E

km	n	E	N	𝔇	𝔳	v	𝔮
4—5	1	− 2.0	− 3.8	208	4.3	4.3	
3—4	2	+ 5.0	− 2.8	120	5.7	7.6	
2.5—3	5	− 0.1	− 6.1	181	6.1	6.4	95
2—2.5	5	− 0.9	− 3.2	196	3.3	4.1	81
1.5—2	5	− 0.6	− 1.4	203	1.5	3.2	47
1—1.5	8	− 1.1	− 2.3	206	2.6	3.7	70
0.5—1	8	− 2.6	− 3.4	217	4.3	5.0	86
0—0.5	9	− 3.4	− 3.9	221	5.2	6.1	85
Boden	9	− 3.7	− 5.4	214	6.5	7.7	84

$\varphi = 0$—$5°$ N, $\lambda = 5$—$10°$ E

km	n	E	N	𝔇	𝔳	v	𝔮
4—5	1	− 0.4	− 1.8	193	1.8	1.8	
3—4	2	+ 1.8	+ 5.2	19	5.5	10.3	
2.5—3	2	+ 1.8	+ 5.7	17	6.0	7.5	
2—2.5	2	+ 1.9	+ 4.9	21	5.3	6.8	
1.5—2	2	+ 2.1	+ 4.3	26	4.8	6.9	
1—1.5	2	+ 1.1	+ 3.0	20	3.2	7.1	
0.5—1	5	+ 1.1	− 1.5	144	1.9	5.9	32
0—0.5	6	+ 1.2	− 0.2	99	1.2	5.1	24
Boden	6	− 0.7	+ 1.2	330	1.4	5.4	26

Tabelle 3b

Mittlere Windfaktoren für 5°-Felder auf Südbreite zwischen Äquator und 30° S (Süd-Winter)

km	n	E	N	$\mathfrak{D}$	$\mathfrak{v}$	v	$\mathfrak{q}$
φ = 0—5° S, λ = 30—35° W							
20—21	2	— 5.9	+ 3.5	301	6.9	7.2	
19—20	9	— 3.8	— 6.2	212	7.3	13.2	55
18—19	15	— 5.2	— 1.0	259	5.3	10.2	52
17—18	23	— 0.9	+ 0.3	288	1.0	9.8	10
16—17	36	— 3.4	— 1.0	253	3.5	9.8	36
15—16	44	— 5.2	+ 1.6	287	5.4	9.6	56
14—15	61	— 8.0	+ 2.3	286	8.3	11.7	71
13—14	70	— 7.2	+ 2.5	289	7.6	11.4	67
12—13	84	— 4.6	+ 2.1	295	5.0	10.8	46
11—12	102	— 1.8	+ 2.3	322	2.9	9.7	30
10—11	125	+ 0.2	+ 2.0	6	2.0	9.0	22
9—10	132	+ 2.0	+ 2.4	40	3.1	8.6	36
8—9	147	+ 3.9	+ 1.2	73	4.1	8.6	48
7—8	165	+ 4.9	— 0.6	97	4.9	7.7	64
6—7	201	+ 5.6	— 3.6	123	6.6	7.2	92
5—6	240	+ 5.7	+ 0.1	89	5.7	7.1	80
4—5	286	+ 5.2	+ 0.9	80	5.3	6.5	82
3—4	346	+ 5.0	+ 0.6	83	5.0	6.0	83
2.5—3	412	+ 5.4	— 0.7	97	5.4	6.5	83
2—2.5	443	+ 5.6	— 1.6	106	5.8	6.6	88
1.5—2	479	+ 5.7	— 2.6	114	6.2	7.1	87
1—1.5	519	+ 6.8	— 3.8	119	7.8	8.4	93
0.5—1	544	+ 7.2	— 4.2	120	8.3	9.0	92
0—0.5	549	+ 6.2	— 3.9	122	7.3	8.0	91
Boden	180	+ 5.0	— 2.7	119	5.7	6.3	90
φ = 0—5° S, λ = 25—30° W							
8—9	1	— 3.0	+ 0.6	281	3.1	3.1	
7—8	1	— 3.1	— 1.6	243	3.5	3.5	
6—7	1	+ 0.2	— 4.4	178	4.4	4.4	
5—6	1	— 1.1	+ 2.0	331	2.3	2.3	
4—5	3	+ 5.4	— 1.8	109	5.7	6.9	
3—4	4	+ 4.7	+ 0.3	86	4.7	5.3	
2.5—3	8	+ 3.2	+ 2.2	55	3.9	5.7	68
2—2.5	8	+ 4.0	+ 1.2	73	4.2	5.6	75
1.5—2	8	+ 3.0	+ 0.2	86	3.0	4.4	68
1—1.5	9	+ 1.8	— 1.3	126	2.2	5.8	38
0.5—1	10	+ 5.6	— 3.5	122	6.6	6.9	96
0—0.5	10	+ 4.9	— 3.1	122	5.8	6.3	92
Boden	9	+ 5.1	— 3.0	121	5.9	6.3	94
φ = 0—5° S, λ = 20—25° W							
0—0.5	1	+ 2.2	— 4.5	154	5.0	5.0	
Boden	1	+ 3.3	— 7.1	155	7.8	7.8	
φ = 0—5° S, λ = 5—10° W							
7—8	1	— 0.1	— 0.7	190	0.7	0.7	
6—7	1	— 3.4	+ 0.8	284	3.5	3.5	
5—6	1	+ 3.6	— 0.9	104	3.7	3.7	
4—5	1	+ 2.0	— 3.6	150	4.1	4.1	
3—4	1	— 0.6	+ 1.2	334	1.3	1.3	
2.5—3	1	+ 5.3	+ 3.8	54	6.5	6.5	
2—2.5	1	+ 2.0	— 0.7	110	2.1	2.1	
1.5—2	1	+ 3.3	— 3.0	132	4.5	4.5	
1—1.5	3	+ 4.8	— 2.5	117	5.4	5.7	
0.5—1	4	+ 4.0	— 6.3	148	7.4	7.9	
0—0.5	4	+ 3.9	— 4.8	141	6.2	6.4	
Boden							
φ = 0—5° S, λ = 0—5° W							
1.5—2	1	+ 3.4	+ 2.1	59	4.0	4.0	
1—1.5	2	+ 6.4	— 0.8	97	6.4	6.6	
0.5—1	3	+ 3.8	— 4.5	140	5.9	5.9	
0—0.5	3	+ 1.2	— 4.6	165	4.8	4.8	
Boden							
φ = 5—10 S, λ = 35—40° W							
18—19	1	— 13.0	— 0.2	269	13.0	13.0	
17—18	1	— 11.8	— 3.8	252	12.4	12.4	
16—17	1	— 14.4	— 11.0	233	18.2	18.2	
15—16	1	— 9.5	— 12.2	218	15.4	15.4	
14—15	1	— 13.6	— 17.2	218	22.0	22.0	
13—14	1	— 15.6	— 15.0	226	21.7	21.7	
12—13	1	— 16.0	— 12.2	232	20.2	20.2	
11—12	2	— 14.3	— 4.0	254	14.8	15.2	
10—11	2	— 9.7	+ 2.0	282	9.9	12.7	
9—10	2	— 8.3	— 0.2	268	8.3	10.3	
8—9	2	— 6.5	— 2.0	253	6.8	7.7	
7—8	2	— 6.2	+ 2.8	295	6.8	6.8	
6—7	3	— 4.3	+ 2.3	298	4.9	5.2	
5—6	7	— 0.7	+ 3.3	348	3.4	5.2	65
4—5	9	— 0.9	+ 2.3	338	2.5	3.5	71
3—4	11	— 0.6	+ 0.4	304	0.7	5.5	13
2.5—3	11	+ 0.9	— 1.2	143	1.5	5.1	29
2—2.5	13	+ 2.4	— 2,4	135	3.4	5.1	67
1.5—2	13	+ 3.5	— 2.9	130	4.5	5.9	76
1—1.5	13	+ 5.1	— 3.8	127	6.4	8.1	79
0.5—1	14	+ 5.4	— 3.0	119	6.2	8.9	70
0—0.5	14	+ 4.5	— 2.9	123	5.4	7.8	69
Boden	6	+ 2.4	— 1.8	127	3.0	4.1	73
φ = 5—10° S, λ = 30—35° W							
22—23	1	— 13.0	+ 7.5	300	15.0	15.0	
21—22	1	— 22.7	+ 8.7	291	24.4	24.4	
20—21	1	— 16.5	+ 7.4	295	18.1	18.1	
19—20	1	— 4.0	+ 6.5	329	7.6	7.6	
18—19	4	— 4.6	+ 4.7	316	6.5	7.8	
17—18	7	— 0.6	+ 4.0	351	4.0	5.5	73
16—17	10	+ 1.3	+ 1.0	52	1.6	10.3	16

km	n	E	N	𝔇	𝔟	v	q
15—16	11	— 4.0	— 0.7	260	4.1	10.8	38
14—15	14	— 4.0	+ 0.7	280	4.1	7.8	53
13—14	17	— 5.3	+ 0.3	274	5.3	9.1	58
12—13	18	— 4.2	+ 1.4	289	4.4	9.1	48
11—12	23	— 3.6	+ 1.4	291	3.9	9.1	43
10—11	31	— 2.4	+ 1.8	307	3.0	8.6	35
9—10	35	— 1.0	+ 0.6	301	1.2	7.8	15
8—9	41	+ 1.5	— 1.0	124	1.8	7.8	23
7—8	49	+ 2.6	— 0.3	96	2.6	7.8	33
6—7	62	+ 4.4	0.0	90	4.4	7.0	63
5—6	83	+ 4.1	+ 0.7	80	4.2	6.7	63
4—5	105	+ 3.0	+ 0.8	75	3.1	5.7	54
3—4	131	+ 2.5	+ 0.7	74	2.6	5.1	51
2.5—3	153	+ 2.9	— 0.6	102	3.0	5.5	55
2—2.5	163	+ 3.8	— 1.5	112	4.1	5.9	69
1.5—2	180	+ 4.3	— 2.3	118	4.9	6.2	79
1—1.5	199	+ 5.6	— 3.0	118	6.3	7.1	89
0.5—1	210	+ 6.2	— 3.5	120	7.1	7.8	91
0—0.5	211	+ 5.8	— 3.9	124	7.0	7.6	92
Boden	194	+ 5.0	— 3.5	125	6.1	6.8	90

$\varphi = 5—10° S, \lambda = 25—30° W$

km	n	E	N	𝔇	𝔟	v	q
18—19	1	— 0.5	+ 9.9	357	9.9	9.9	
17—18	1	— 1.6	+ 8.8	350	8.9	8.9	
16—17	1	+ 0.2	— 5.8	178	5.8	5.8	
15—16	1	— 2.5	— 7.6	198	8.0	8.0	
14—15	2	+ 1.7	— 3.5	154	3.9	4.2	
13—14	2	+ 0.4	— 3.1	173	3.1	4.2	
12—13	2	+ 0.9	— 0.9	135	1.3	1.3	
11—12	2	+ 3.0	+ 3.9	38	4.9	7.2	
10—11	2	+ 4.0	+ 4.8	39	6.2	6.8	
9—10	2	+ 5.6	+ 2.7	64	6.2	6.2	
8—9	2	+ 12.9	+ 2.9	77	13.2	13.9	
7—8	2	+ 12.9	+ 0.6	87	12.9	14.4	
6—7	2	+ 19.9	+ 2.7	82	20.1	20.9	
5—6	2	+ 16.8	+ 1.0	86	16.8	17.0	
4—5	2	+ 11.5	+ 3.1	75	11.9	12.0	
3—4	3	+ 11.6	+ 3.7	72	12.2	12.4	
2.5—3	4	+ 7.4	+ 1.9	76	7.6	8.3	
2—2.5	4	+ 6.7	— 0.7	96	6.7	7.5	
1.5—2	4	+ 6.8	— 2.1	107	7.1	7.4	
1—1.5	4	+ 7.1	— 2.5	110	7.5	7.9	
0.5—1	6	+ 8.4	— 2.8	108	8.8	8.9	99
0—0.5	6	+ 5.2	— 3.7	125	6.4	6.6.	97
Boden	6	+ 4.5	— 4.4	134	6.3	6.6	95

$\varphi = 5—10° S, \lambda = 20—25° W$

km	n	E	N	𝔇	𝔟	v	q
18—19	1	+ 3.7	— 2.1	120	4.3	4.3	
17—18	1	+ 8.5	— 3.9	115	9.5	9.5	
16—17	2	— 2.2	— 10.8	191	11.0	11.2	
15—16	2	— 10.6	— 5.9	241	12.2	12.2	
14—15	2	— 5.9	— 6.2	223	8.5	8.8	
13—14	2	0.0	— 3.0	180	3.0	3.9	
12—13	2	+ 1.6	— 5.3	163	5.5	5.7	
11—12	3	+ 2.1	— 2.3	138	3.1	3.4	
10—11	3	+ 3.8	— 2.0	118	4.3	4.8	
9—10	3	+ 7.7	— 2.4	108	8.1	8.1	
8—9	3	+ 9.9	— 2.2	103	10.1	10.2	
7—8	3	+ 11.0	— 1.0	95	11.0	11.7	
6—7	3	+ 14.7	+ 0.8	87	14.7	15.1	
5—6	3	+ 9.7	+ 2.5	76	10.0	10.3	
4—5	3	+ 7.2	— 2.3	108	7.6	7.7	
3—4	3	+ 4.2	+ 2.6	58	4.9	5.3	
2.5—3	3	— 0.6	+ 2.8	348	2.9	4.9	
2—2.5	3	— 0.9	+ 0.6	304	1.1	3.2	
1.5—2	5	+ 2.5	— 0.1	92	2.5	3.8	66
1—1.5	5	+ 4.7	— 1.5	108	4.9	5.5	89
0.5—1	5	+ 6.2	— 2.3	111	6.6	6.9	96
0—0.5	5	+ 6.7	— 3.1	115	7.4	7.6	97
Boden	5	+ 4.8	— 4.0	130	6.2	6.5	95

$\varphi = 5—10° S, \lambda = 15—20° W$

km	n	E	N	𝔇	𝔟	v	q
18—19		+ 4	+ 2	63	5		
17—18		+ 6	— 5	130	8		
16—17		— 4	— 5	219	6		
15—16	1	— 14.0	+ 0.4	272	14.0	14.0	
14—15	1	+ 4.8	+ 8.5	29	9.7	9.7	
13—14	1	+ 2.7	+ 5.3	27	5.9	5.9	
12—13	2	— 8.3	+ 1.6	281	8.5	9.0	
11—12	2	— 3.9	+ 3.1	308	5.0	9.1	
10—11	2	— 2.5	+ 5.2	335	5.8	9.8	
9—10	2	+ 1.1	+ 6.6	9	6.7	9.9	
8—9	2	+ 1.4	+ 1.9	36	2.4	10.5	
7—8	2	+ 4.8	— 7.1	146	8.6	12.3	
6—7	3	+ 9.0	— 6.7	127	11.2	13.9	
5—6	5	+ 7.0	— 3.7	118	7.9	10.2	77
4—5	5	+ 0.8	— 1.7	155	1.9	2.2	86
3—4	5	+ 2.4	— 2.9	140	3.8	4.4	86
2.5—3	5	+ 4.9	— 2.4	116	5.4	6.8	79
2—2.5	5	+ 4.5	— 3.4	127	5.6	7.2	78
1.5—2	7	+ 3.7	— 2.9	128	4.7	5.2	90
1—1.5	8	+ 4.5	— 1.5	109	4.7	5.1	92
0.5—1	8	+ 5.4	— 2.0	111	5.7	6.3	90
0—0.5	8	+ 6.4	— 3.8	121	7.4	7.6	98
Boden	8	+ 5.1	— 4.3	130	6.7	6.8	98

$\varphi = 5—10° S, \lambda = 10—15° W$

km	n	E	N	𝔇	𝔟	v	q
9—10	1	— 5.3	+ 11.8	336	12.9	12.9	
8—9	1	— 5.3	+ 11.1	335	12.3	12.3	
7—8	1	— 5.6	+ 9.2	329	10.8	10.8	
6—7	1	— 7.9	+ 6.6	310	10.3	10.3	
5—6	3	— 4.6	+ 1.1	284	4.7	7.3	
4—5	3	+ 2.6	+ 4.5	30	5.2	6.2	
3—4	3	+ 7.9	+ 0.7	85	7.9	7.9	
2.5—3	3	+ 9.5	— 0.5	93	9.5	9.7	
2—2.5	3	+ 5.6	+ 0.3	87	5.6	5.7	
1.5—2	3	+ 1.5	— 0.7	115	1.7	1.7	
1—1.5	7	+ 4.2	— 1.2	106	4.4	4.4	100

km	n	E	N	𝔇	𝔳	v	q
0.5—1	7	+ 5.0	— 2.2	114	5.4	6.9	78
0—0.5	7	+ 7.1	— 3.0	113	7.7	8.0	96
Boden	7	+ 6.1	— 3.5	120	7.0	7.1	99

φ = 5—10° S, λ = 5—10° W

km	n	E	N	𝔇	𝔳	v	q
9—10		— 7	+ 9	322	11		
8—9		— 7	+ 9	322	11		
7—8		— 7	+ 6	311	9		
6—7		— 5	0	270	5		
5—6		0	— 1	180	1		
4—5		+ 5	— 1	101	5		
3—4		+ 10	0	90	10		
2.5—3		+ 9	— 1	96	9		
2—2.5		+ 7	— 1	98	7		
1.5—2	1	+ 5.3	— 1.5	106	5.5	5.5	
1—1.5	4	+ 2.3	— 2.0	131	3.1	3.2	
0.5—1	5	+ 4.2	— 3.3	128	5.3	5.5	96
0—0.5	5	+ 3.7	— 3.3	132	5.0	5.5	91
Boden	5	+ 3.6	— 3.6	135	5.1	5.2	98

φ = 5—10° S, λ = 0—5° W

km	n	E	N	𝔇	𝔳	v	q
9—10	2	— 5.4	— 1.5	255	5.6		
8—9	2	— 5.2	— 1.2	257	5.3		
7—8	2	— 1.0	+ 1.7	329	2.0		
6—7	2	— 0.3	— 2.2	187	2.2	3.2	
5—6	2	+ 1.7	— 1.7	135	2.4	3.0	
4—5	2	+ 4.6	— 3.2	125	5.6	6.0	
3—4	2	+ 4.0	+ 0.6	81	4.0	4.2	
2.5—3	2	+ 5.6	+ 2.4	67	6.1	6.4	
2—2.5	2	+ 6.0	+ 1.6	75	6.2	6.3	
1.5—2	4	+ 2.5	— 0.3	97	2.5	4.4	
1—1.5	7	+ 1.4	— 0.7	117	1.6	3.2	50
0.5—1	8	+ 3.5	— 4.1	139	5.4	5.8	93
0—0.5	8	+ 3.8	— 5.4	145	6.6	7.0	94
Boden	4	+ 2.9	— 5.7	153	6.3	6.8	

φ = 5—10° S, λ = 0—5° E

km	n	E	N	𝔇	𝔳	v	q
14—15		— 9	— 2	257	9		
13—14	1	— 8.2	— 3.5	247	8.9	8.9	
12—13	1	— 6.6	— 2.9	246	7.2	7.2	
11—12	1	— 4.2	— 5.0	220	6.5	6.5	
10—11	2	— 6.5	+ 3.1	296	7.2	10.0	
9—10	3	— 4.1	+ 0.6	278	4.1	8.8	
8—9	3	— 5.3	+ 0.4	274	5.3	8.3	
7—8	3	— 1.8	+ 3.0	329	3.5	5.8	
6—7	3	+ 0.4	+ 2.6	9	2.6	3.9	
5—6	4	— 1.0	+ 0.2	281	1.0	4.4	
4—5	4	+ 1.6	+ 0.3	80	1.6	3.5	
3—4	4	+ 3.0	+ 2.4	51	3.9	5.2	
2.5—3	4	+ 3.8	+ 3.4	48	5.1	6.7	
2—2.5	4	+ 2.2	+ 2.5	41	3.3	5.1	
1.5—2	4	+ 4.4	+ 0.4	85	4.4	4.7	
1—1.5	5	+ 1.7	+ 1.2	55	2.1	5.0	42

km	n	E	N	𝔇	𝔳	v	q
0.5—1	6	+ 2.4	— 1.2	117	2.7	6.7	40
0.—05	6	+ 1.3	— 3.4	159	3.6	4.2	86
Boden	4	+ 0.8	— 4.4	170	4.5	4.5	

φ = 5—10° S, λ = 5—10° E

km	n	E	N	𝔇	𝔳	v	q
14—15		— 3	— 1	252	3		
13—14		— 2	— 3	214	4		
12—13		— 2	0	270	2		
11—12	1	— 4.6	+ 4.6	315	6.5	6.5	
10—11	1	— 4.5	+ 6.8	327	8.2	8.2	
9—10	1	— 4.4	+ 3.0	305	5.3	5.3	
8—9	1	— 4.6	0.0	270	4.6	4.6	
7—8	1	— 2.5	+ 4.7	333	5.3	5.3	
6—7	1	— 2.8	+ 3.9	324	4.8	4.8	
5—6	1	— 0.6	+ 5.4	354	5.4	5.4	
4—5	1	+ 8.3	+ 4.9	59	9.7	9.7	
3—4	1	+ 8.6	+ 4.0	65	9.5	9.5	
2.5—3	1	+ 4.4	+ 4.1	47	6.0	6.0	
2—2.5	2	+ 5.6	+ 1.9	71	5.9	6.2	
1.5—2	3	+ 4.3	+ 0.9	78	4.4	4.8	
1—1.5	3	— 2.0	+ 1.9	314	2.8	3.2	
0.5—1	5	— 1.7	+ 2.3	324	2.9	3.7	78
0—0.5	5	— 0.3	— 0.9	193	0.9	1.9	47
Boden	5	+ 0.1	— 1.5	176	1.5	2.0	75

φ = 5—10° S, λ = 10—15° E

km	n	E	N	𝔇	𝔳	v	q
17—18	1	+ 1.5	+ 3.7	22	4.0	4.0	
16—17	1	+ 5.0	+ 3.0	59	5.8	5.8	
15—16	1	+ 0.8	+ 1.6	27	1.8	1.8	
14—15	1	+ 5.6	0.0	90	5.6	5.6	
13—14	1	+ 5.2	— 1.8	109	5.5	5.5	
12—13	1	+ 3.3	— 2.1	122	3.9	3.9	
11—12	1	— 1.8	— 3.1	210	3.6	3.6	
10—11	1	— 2.1	— 0.6	254	2.2	2.2	
9—10	1	+ 5.8	+ 0.3	87	5.8	5.8	
8—9	2	— 1.4	+ 0.8	300	1.6	2.6	
7—8	3	+ 1.8	— 0.3	99	1.8	4.7	
6—7	3	+ 5.2	+ 2.5	64	5.8	7.9	
5—6	3	+ 5.2	+ 1.6	72	5.4	6.5	
4—5	4	+ 5.3	+ 1.6	73	5.5	6.0	
3—4	5	+ 9.1	— 0.8	95	9.1	9.2	99
2.5—3	7	+ 5.5	— 0.6	96	5.5	5.8	95
2—2.5	7	+ 2.4	+ 0.7	74	2.5	3.6	69
1.5—2	8	— 1.6	+ 2.0	321	2.6	3.7	70
1—1.5	10	— 4.1	+ 3.5	311	5.4	5.7	95
0.5—1	12	— 1.3	+ 1.7	323	2.1	3.1	68
0—0.5	12	— 0.6	— 1.3	205	1.4	2.5	56
Boden	12	— 0.6	— 1.9	198	2.0	2.8	71

φ = 10—15° S, λ = 35—40° W

km	n	E	N	𝔇	𝔳	v	q
19—20	1	+ 7.3	+ 1.3	80	7.4	7.4	
18—19	1	+ 2.9	+ 0.7	77	3.0	3.0	
17—18	3	— 2.6	— 4.5	210	5.2	8.6	

km	n	E	N	$\mathfrak{D}$	$\mathfrak{v}$	v	q
16—17	5	— 5.8	+ 3.2	299	6.6	13.0	51
15—16	7	—10.2	+ 1.0	276	10.3	14.0	74
14—15	8	— 4.7	+ 0.9	281	4.8	11.9	40
13—14	9	— 3.2	+ 0.2	274	3.2	12.1	26
12—13	12	— 5.4	— 3.9	234	6.7	15.6	43
11—12	18	— 5.5	— 1.6	254	5.7	11.0	52
10—11	22	— 7.3	— 1.5	258	7.5	10.6	72
9—10	25	— 4.8	— 0.7	262	4.8	9.9	48
8—9	31	— 3.5	+ 0.3	275	3.5	8.3	42
7—8	39	— 1.5	— 0.7	245	1.7	7.8	22
6—7	48	+ 0.6	0.0	90	0.6	7.4	8
5—6	57	+ 1.4	+ 0.1	86	1.4	6.4	22
4—5	73	+ 1.7	+ 0.7	68	1.8	5.2	35
3—4	93	+ 2.3	0.0	90	2.3	5.8	40
2.5—3	111	+ 2.6	— 0.6	103	2.7	5.1	53
2—2.5	118	+ 2.9	— 1.5	117	3.3	5.2	63
1.5—2	123	+ 3.7	— 1.6	113	4.0	5.4	74
1—1.5	132	+ 5.0	— 1.5	107	5.2	6.1	85
0.5—1	134	+ 5.5	— 1.3	103	5.6	6.6	85
0—0.5	134	+ 5.7	— 1.6	106	5.9	6.8	87
Boden	112	+ 4.7	— 1.5	108	4.9	5.5	89

φ = 10—15° S, λ = 30—35° W

km	n	E	N	$\mathfrak{D}$	$\mathfrak{v}$	v	q
12—13	1	+ 5.6	+ 1.1	79	5.7	5.7	
11—12	1	+ 4.5	— 2.3	117	5.1	5.1	
10—11	2	+ 6.0	— 1.8	107	6.3	6.4	
9—10	2	+ 5.4	— 5.1	133	7.4	8.1	
8—9	3	+ 0.1	— 3.5	178	3.5	6.5	
7—8	4	+ 0.4	— 2.4	171	2.4	9.7	
6—7	4	— 0.2	— 1.0	191	1.0	6.6	
5—6	6	+ 5.7	— 1.9	108	6.0	8.6	70
4—5	8	+ 3.8	— 2.2	120	4.4	7.4	59
3—4	15	+ 3.1	— 2.0	123	3.7	6.0	62
2.5—3	21	+ 2.6	— 1.7	123	3.1	5.2	60
2—2.5	21	+ 3.7	— 2.0	118	4.2	5.2	81
1.5—2	22	+ 3.7	— 2.1	120	4.3	4.9	88
1—1.5	22	+ 5.1	— 2.7	118	5.8	6.5	89
0.5—1	22	+ 5.9	— 2.5	113	6.4	7.0	91
0—0.5	24	+ 6.1	— 2.4	112	6.5	8.6	76
Boden	14	+ 3.7	— 1.8	116	4.1	4.6	89

φ = 10—15° S, λ = 0—5° E

km	n	E	N	$\mathfrak{D}$	$\mathfrak{v}$	v	q
3—4	1	— 3.2	— 4.6	215	5.6	5.6	
2.5—3	1	— 5.4	— 0.8	262	5.5	5.5	
2—2.5	2	— 5.8	+ 4.0	305	7.1	7.1	
1.5—2	2	— 5.2	+ 3.8	306	6.4	6.4	
1—1.5	3	+ 1.6	— 3.0	152	3.4	4.0	
0.5—1	3	+ 4.6	— 7.0	147	8.4	8.6	
0—0.5	3	+ 3.0	— 5.6	152	6.4	6.5	
Boden							

φ = 10—15° S, λ = 5—10° E

km	n	E	N	$\mathfrak{D}$	$\mathfrak{v}$	v	q
3—4	1	— 3.2	— 4.6	215	5.6	5.6	
2.5—3	1	— 5.4	— 0.8	262	5.5	5.5	
2—2.5	1	— 6.8	+ 4.2	302	8.0	8.0	
1.5—2	1	— 7.2	+ 5.1	305	8.8	8.8	
1—1.5	2	— 1.2	— 4.6	195	4.8	5.0	
0.5—1	2	+ 2.2	— 7.4	163	7.7	7.8	
0—0.5	2	+ 3.9	— 6.0	147	7.2	7.4	
Boden							

φ = 10—15° S, λ = 10—15° E

km	n	E	N	$\mathfrak{D}$	$\mathfrak{v}$	v	q
8—9	1	— 3.3	+ 3.7	318	5.0	5.0	
7—8	1	— 5.0	+ 2.6	298	5.6	5.6	
6—7	1	— 1.2	— 1.6	217	2.0	2.0	
5—6	1	— 0.6	— 1.6	201	1.7	1.7	
4—5	1	— 3.0	+ 5.1	330	5.9	5.9	
3—4	1	— 1.3	+ 7.6	351	7.7	7.7	
2.5—3	1	+ 4.0	+ 3.3	50	5.2	5.2	
2—2.5	1	+ 2.2	— 2.0	132	3.0	3.0	
1.5—2	1	0.0	— 7.2	180	7.2	7.2	
1—1.5	1	— 1.2	— 6.7	190	6.8	6.8	
0.5—1	2	— 2.2	— 0.9	248	2.4	2.5	
0—0.5	2	— 2.5	— 1.0	248	2.7	2.9	
Boden	2	— 2.2	+ 0.6	285	2.3	3.5	

φ = 15—20° S, λ = 35—40° W

km	n	E	N	$\mathfrak{D}$	$\mathfrak{v}$	v	q
20—21	2	+ 3.2	+ 1.0	73	3.3	7.4	
19—20	2	— 0.6	+ 1.0	330	1.2	7.0	
18—19	2	+ 1.6	+ 0.4	76	1.7	3.6	
17—18	3	— 1.4	— 1.5	223	2.1	3.9	
16—17	6	— 4.1	— 0.9	258	4.2	9.4	45
15—16	8	— 7.2	— 0.4	267	7.2	9.8	74
14—15	10	— 7.1	— 0.3	268	7.1	8.4	85
13—14	13	—11.3	— 0.9	265	11.3	13.1	86
12—13	14	— 7.7	— 0.6	266	7.7	11.9	65
11—12	20	— 8.6	— 3.6	247	9.3	13.6	68
10—11	28	— 8.7	— 2.1	256	8.9	12.0	74
9—10	35	— 8.3	— 1.7	258	8.5	11.5	74
8—9	41	— 7.2	— 2.2	253	7.5	10.2	74
7—8	48	— 6.1	— 1.0	261	6.2	9.6	65
6—7	63	— 5.9	— 1.0	260	6.0	8.9	67
5—6	85	— 3.0	— 0.5	261	3.0	7.4	41
4—5	102	— 1.4	— 0.9	237	1.7	6.2	27
3—4	125	— 0.3	— 0.6	207	0.7	5.8	12
2.5—3	134	+ 3.8	— 1.1	106	4.0	5.8	69
2—2.5	144	+ 1.5	— 1.0	124	1.8	5.0	36
1.5—2	155	+ 1.9	— 0.8	113	2.1	5.0	42
1—1.5	162	+ 2.4	— 0.2	95	2.4	4.9	49
0.5—1	163	+ 3.1	+ 0.4	83	3.1	5.6	55
0—0.5	162	+ 3.4	+ 0.1	88	3.4	6.0	57
Boden	143	+ 3.0	— 0.1	92	3.0	4.8	63

φ = 15—20° S, λ = 30—35° W

km	n	E	N	$\mathfrak{D}$	$\mathfrak{v}$	v	q
14—15		— 38	+ 25	303	46		
13—14	1	—36.0	+27.0	307	45.0	45.0	
12—13	1	—32.7	+12.0	290	34.9	34.9	
11—12	1	—33.6	+ 1.5	273	33.6	33.6	

km	n	E	N	𝔇	𝔳	v	𝔮
10—11	2	—31.4	+ 2.0	274	31.4	32.5	
9—10	2	—23.5	+ 0.6	272	23.5	23.7	
8—9	3	—16.0	+ 2.7	280	16.2	16.3	
7—8	3	—12.3	+ 2.0	279	12.5	12.7	
6—7	4	— 9.8	+ 2.7	285	10.2	10.6	
5—6	4	— 8.6	0.0	270	8.6	9.0	
4—5	4	— 5.4	— 1.5	254	5.6	6.7	
3—4	4	— 3.3	— 3.2	226	4.6	5.7	
2.5—3	4	— 1.0	— 4.3	193	4.4	4.9	
2—2.5	6	+ 0.6	— 1.7	161	1.8	3.6	50
1.5—2	7	+ 2.2	— 1.6	126	2.7	7.1	38
1—1.5	7	+ 3.6	— 2.1	120	4.2	7.3	58
0.5—1	7	+ 4.4	— 2.4	119	5.0	7.2	69
0—0.5	7	+ 5.0	— 3.3	123	6.0	7.6	79
Boden	6	+ 4.4	— 1.7	112	4.7	6.9	68
φ = 15—20° S, λ = 25—30° W							
16—17	1	—34.5	— 3.0	265	34.8	34.8	
15—16	1	—32.0	— 0.6	269	32.0	32.0	
14—15	2	—24.8	+ 0.2	270	24.8	24.8	
13—14	2	—21.8	— 2.3	264	21.9	22.3	
12—13	2	—13.4	— 5.8	246	14.6	14.7	
11—12	2	—12.4	— 7.3	239	14.4	14.5	
10—11	2	—10.5	— 3.3	252	11.0	11.1	
9—10	2	— 8.8	— 1.4	261	8.9	9.1	
8—9	2	— 6.4	— 3.2	243	7.2	7.3	
7—8	2	— 3.8	— 1.0	255	3.9	4.3	
6—7	2	— 2.3	+ 1.9	310	3.0	3.9	
5—6	2	— 0.2	+ 1.2	351	1.2	2.0	
4—5	2	— 1.8	— 1.7	227	2.5	2.9	
3—4	2	— 3.0	— 0.6	259	3.1	3.1	
2.5—3	2	— 2.6	0.0	270	2.6	2.6	
2—2.5	3	— 0.6	— 0.4	236	0.7	2.0	
1.5—2	4	+ 1.6	+ 0.6	69	1.7	2.3	
1—1.5	4	+ 3.5	+ 1.3	70	3.7	4.0	
0.5—1	4	+ 5.7	0.0	90	5.7	5.9	
0—0.5	4	+ 5.9	— 1.5	105	6.1	6.6	
Boden	4	+ 5.1	— 1.9	111	5.4	5.7	
φ = 15—20° S, λ = 20—25° W							
16—17		—35	0	270	35		
15—16		—35	+ 3	275	35		
14—15		—35	+ 7	281	36		
13—14		—33	+ 15	294	36		
12—13	1	—30.6	+ 19.0	302	36.0	36.0	
11—12	1	—29.1	+ 21.9	307	36.4	36.4	
10—11	2	—27.0	+ 9.9	290	28.7	30.0	
9—10	2	—27.6	+ 6.3	283	28.3	29.0	
8—9	2	—25.9	+ 4.2	279	26.2	26.7	
7—8	2	—22.9	+ 3.7	279	23.2	23.5	
6—7	2	—19.2	+ 1.0	273	19.2	19.5	
5—6	2	—14.6	— 0.9	266	14.6	15.0	
4—5	2	— 6.8	— 0.1	269	6.8	7.1	
3—4	2	— 3.9	— 2.3	239	4.5	4.7	

km	n	E	N	𝔇	𝔳	v	𝔮
2.5—3	2	+ 0.7	— 2.2	162	2.3	4.1	
2—2.5	2	+ 3.3	— 3.1	133	4.5	4.7	
1.5—2	2	+ 1.1	— 0.1	95	1.1	1.4	
1—1.5	4	+ 0.7	+ 0.6	49	0.9	1.9	
0.5—1	4	+ 3.0	+ 0.6	79	3.1	3.4	
0—0.5	4	+ 4.0	+ 0.1	89	4.0	4.6	
Boden	4	+ 3.0	— 0.3	96	3.0	3.3	
φ = 15—20° S, λ = 15—20° W							
16—17		—26	+ 5	281	27		
15—16		—22	+ 3	278	22		
14—15	1	—18.9	+ 1.3	274	19.0	19.0	
13—14	1	—16.5	+ 0.6	272	16.5	16.5	
12—13	2	—19.8	+ 6.3	288	20.8	21.2	
11—12	2	—18.0	+ 3.7	282	18.4	18.5	
10—11	2	—13.0	+ 6.7	297	14.6	14.7	
9—10	2	—12.9	+ 8.9	305	15.7	15.7	
8—9	2	—11.6	+ 8.1	305	14.2	14.2	
7—8	2	—12.9	+ 8.9	305	15.7	15.8	
6—7	2	— 9.0	+ 4.8	298	10.2	10.6	
5—6	2	— 7.9	+ 1.6	282	8.1	8.1	
4—5	2	— 0.9	0.0	270	0.9	1.5	
3—4	2	— 0.5	— 3.4	188	3.4	3.5	
2.5—3	2	+ 2.4	— 1.4	120	2.8	2.8	
2—2.5	2	+ 4.4	— 2.6	121	5.1	5.5	
1.5—2	2	+ 6.3	— 3.3	118	7.1	7.4	
1—1.5	2	+ 7.0	— 0.5	94	7.0	7.0	
0.5—1	2	+ 6.3	0.0	90	6.3	6.4	
0—0.5	2	+ 6.3	— 1.0	99	6.4	6.4	
Boden	2	+ 6.3	— 1.5	104	6.4	6.5	
φ = 15—20° S, λ = 10—15° W							
16—17	1	—25.2	+ 16.0	302	29.8	29.8	
15—16	1	—20.0	+ 12.6	302	23.7	23.7	
14—15	1	—20.0	+ 15.0	307	25.0	25.0	
13—14	1	—18.4	+ 12.0	303	22.0	22.0	
12—13	1	—12.0	+ 12.0	315	17.1	17.1	
11—12	1	— 6.4	+ 4.7	306	8.0	8.0	
10—11	2	— 4.5	+ 1.5	289	4.7	5.1	
9—10	2	— 2.8	+ 1.7	301	3.3	3.8	
8—9	3	— 1.9	+ 1.4	306	2.4	3.4	
7—8	3	— 0.9	+ 1.4	327	1.7	2.2	
6—7	3	+ 0.5	+ 4.8	6	4.8	4.9	
5—6	3	+ 1.6	+ 5.8	15	6.0	6.6	
4—5	3	+ 1.6	+ 3.1	27	3.5	3.5	
3—4	3	+ 0.1	0.0	90	0.1	1.6	
2.5—3	3	+ 0.7	— 0.3	113	0.8	1.6	
2—2.5	3	+ 1.4	+ 0.9	57	1.7	3.3	
1.5—2	3	+ 3.6	+ 1.2	72	3.8	4.4	
1—1.5	4	+ 4.0	+ 0.9	77	4.1	4.9	
0.5—1	4	+ 5.2	— 1.1	102	5.3	5.6	
0—0.5	4	+ 5.2	— 2.5	116	5.8	6.0	
Boden	5	+ 2.6	— 4.2	148	4.9	5.2	94

km	n	E	N	𝔇	𝔳	v	𝔮
φ = 15—20° S, λ = 5—10° W							
16—17	2	— 6.1	— 2.2	250	6.5	7.1	
15—16	2	— 12.1	— 5.8	244	13.4	13.7	
14—15	2	— 11.8	+ 5.5	295	13.0	13.2	
13—14	2	— 6.9	+ 3.7	299	7.8	8.0	
12—13	3	— 6.5	— 1.6	256	6.7	7.7	
11—12	3	— 5.2	— 2.0	249	5.6	7.9	
10—11	3	— 3.1	— 1.8	240	3.6	7.6	
9—10	3	+ 1.4	— 1.1	128	1.8	6.9	
8—9	3	+ 2.5	— 1.4	119	2.9	5.7	
7—8	3	+ 3.6	— 0.2	93	3.6	4.7	
6—7	3	+ 4.4	+ 4.2	46	6.1	6.7	
5—6	3	+ 4.5	+ 3.5	52	5.7	6.1	
4—5	3	+ 4.7	+ 2.7	60	5.4	5.5	
3—4	3	+ 2.0	+ 1.4	55	2.4	2.6	
2.5—3	3	+ 2.8	+ 1.2	67	3.1	3.6	
2—2.5	3	+ 2.0	— 0.2	96	2.0	3.2	
1.5—2	3	+ 4.2	— 0.5	97	4.2	4.4	
1—1.5	4	+ 4.9	— 0.8	100	5.0	5.0	
0.5—1	4	+ 4.6	— 0.4	95	4.6	4.7	
0—0.5	4	+ 3.7	— 0.1	92	3.7	3.8	
Boden	4	+ 4.3	— 0.7	100	4.3	4.3	
φ = 15—20° S, λ = 0—5° W							
11—12		— 25	+ 12	296	28		
10—11	1	— 25.5	+ 13.5	298	28.8	28.8	
9—10	1	— 22.4	+ 4.2	281	22.8	22.8	
8—9	2	— 19.5	— 6.3	252	20.5	20.5	
7—8	2	— 14.6	— 3.2	257	15.0	15.6	
6—7	3	— 8.1	+ 1.8	283	8.3	9.7	
5—6	3	— 6.1	+ 0.7	277	6.1	6.3	
4—5	4	— 4.5	— 0.2	267	4.5	5.7	
3—4	4	— 3.3	— 0.2	267	3.3	5.1	
2.5—3	4	— 1.9	+ 0.1	273	1.9	4.9	
2—2.5	6	+ 2.5	— 3.3	143	4.1	6.3	65
1.5—2	9	+ 5.9	— 4.8	130	7.6	8.1	94
1—1.5	12	+ 7.8	— 4.7	121	9.1	9.3	98
0.5—1	12	+ 8.9	— 4.5	117	10.0	10.2	98
0—0.5	12	+ 8.8	— 3.7	113	9.0	10.0	96
Boden	12	+ 6.2	— 5.0	129	8.0	8.2	98
φ = 15—20° S, λ = 0—5° E							
11—12		— 45	+ 7	278	46		
10—11	1	— 43.4	+ 6.8	278	43.8	43.8	
9—10	1	— 30.3	— 1.8	267	30.3	30.3	
8—9	1	— 26.4	+ 4.8	280	26.8	26.8	
7—8	1	— 25.2	+ 5.8	283	25.8	25.8	
6—7	1	— 23.6	— 2.4	264	23.7	23.7	
5—6	1	— 18.2	— 3.2	260	18.5	18.5	
4—5	2	— 12.8	— 3.8	253	13.4	13.8	
3—4	2	— 6.5	— 3.5	241	7.4	7.5	
2.5—3	2	— 2.8	— 2.4	229	3.7	3.9	
2—2.5	2	— 0.4	— 4.7	184	4.7	4.8	
1.5—2	2	+ 3.5	— 7.4	155	8.2	8.5	
1—1.5	3	+ 2.4	— 6.0	159	6.5	8.5	
0.5—1	4	+ 1.0	— 4.0	166	4.1	6.3	
0—0.5	4	+ 1.1	— 5.1	168	5.2	6.8	
Boden	4	— 0.7	— 4.5	188	4.5	4.6	
φ = 15—20° S, λ = 5—10° E							
12—13	2	— 32.3	+ 0.9	272	32.3	16.2	
11—12	2	— 25.8	+ 2.7	276	25.9	13.0	
10—11	3	— 24.3	— 1.5	266	24.3	8.2	
9—10	3	— 13.9	+ 0.7	273	13.9	4.8	
8—9	3	— 10.7	+ 1.8	280	10.9	3.7	
7—8	3	— 9.9	+ 1.4	278	10.0	3.4	
6—7	3	— 5.9	+ 2.5	293	6.4	2.2	
5—6	3	— 6.5	+ 2.4	291	6.9	2.4	
4—5	4	— 6.0	+ 1.7	286	6.2	7.2	
3—4	5	— 6.6	+ 5.2	308	8.4	9.4	89
2.5—3	5	— 7.5	+ 7.7	316	10.7	11.3	95
2—2.5	6	— 5.3	+ 7.2	324	8.9	9.5	94
1.5—2	7	— 4.5	+ 6.3	324	7.8	9.4	83
1—1.5	7	— 1.6	— 2.4	214	2.9	5.7	51
0.5—1	8	+ 1.1	— 4.9	167	5.0	6.2	81
0—0.5	8	+ 3.0	— 5.5	151	6.3	6.6	95
Boden	5	+ 1.0	— 4.3	167	4.4	4.8	92
φ = 15—20° S, λ = 10—15° E							
9—10	1	— 19.4	— 9.5	244	21.6	21.6	
8—9	1	— 13.2	— 5.6	247	14.3	14.3	
7—8	1	— 10.5	— 0.2	269	10.5	10.5	
6—7	1	— 9.2	— 3.9	247	10.0	10.0	
5—6	1	— 6.8	— 1.8	255	7.0	7.0	
4—5	1	— 3.9	— 4.7	220	6.1	6.1	
3—4	1	— 2.2	— 2.4	222	3.3	3.3	
2.5—3	2	— 5.6	+ 10.2	331	11.5	11.5	
2—2.5	3	— 3.6	+ 7.7	335	8.5	8.5	
1.5—2	3	— 3.2	+ 6.9	295	7.6	7.7	
1—1.5	3	— 3.5	+ 0.9	284	3.6	5.1	
0.5—1	3	+ 0.5	— 4.5	174	4.5	5.5	
0—0.5	6	+ 0.2	— 6.4	178	6.4	7.5	85
Boden	4	+ 1.5	— 6.8	168	6.9	6.9	
φ = 20—25° S, λ = 45—50° W							
14—15	1	0.0	— 16.7	180	16.7	16.7	
13—14	1	+ 1.8	— 20.9	175	21.0	21.0	
12—13	2	— 19.2	+ 6.0	287	20.1	26.4	
11—12	2	— 16.0	+ 4.1	284	16.5	20.9	
10—11	2	— 17.4	+ 6.8	291	18.7	20.1	
9—10	3	— 10.5	— 2.5	257	10.8	19.0	
8—9	4	— 8.3	— 4.6	241	9.5	14.1	
7—8	4	— 7.3	— 3.5	244	8.1	13.4	
6—7	4	— 5.7	— 2.0	251	6.0	11.2	
5—6	4	— 3.0	— 0.4	263	3.0	10.2	
4—5	5	— 1.8	+ 1.0	299	2.1	7.9	27

km	n	E	N	𝔇	𝔳	v	q
3—4	5	+ 0.8	— 0.3	111	0.9	5.4	17
2.5—3	5	+ 0.8	— 0.9	138	1.2	4.2	29
2—2.5	6	+ 1.6	+ 1.6	45	2.3	6.0	38
1.5—2	6	+ 1.9	+ 1.4	53	2.4	6.2	39
1—1.5	6	+ 2.2	+ 2.7	39	3.5	6.9	51
0.5—1	7	— 2.2	+ 1.5	304	2.7	7.1	38
0—0.5	7	— 0.1	+ 1.6	356	1.6	5.2	31
Boden	6	+ 0.3	+ 1.3	13	1.3	3.7	35

φ = 20—25° S, λ = 40—45° W

km	n	E	N	𝔇	𝔳	v	q
19—20	1	— 2.0	+ 9.2	348	9.4	9.4	
18—19	2	— 9.4	+ 2.9	287	9.8	11.7	
17—18	3	— 18.1	— 2.5	262	18.3	20.2	
16—17	3	— 20.5	+ 1.5	274	20.6	22.1	
15—16	4	— 13.2	— 11.9	228	17.8	24.7	
14—15	6	— 17.5	— 8.3	245	19.3	22.8	85
13—14	8	— 17.9	— 6.6	250	19.1	21.3	90
12—13	8	— 17.5	— 11.0	238	20.7	23.4	88
11—12	10	— 13.0	— 7.6	240	15.0	17.6	85
10—11	11	— 9.0	— 6.5	234	11.1	14.5	77
9—10	12	— 7.0	— 4.3	238	8.2	11.0	75
8—9	14	— 9.4	— 2.1	257	9.6	13.4	72
7—8	15	— 6.8	— 1.6	257	7.0	12.3	57
6—7	21	— 4.1	— 1.0	256	4.2	8.9	47
5—6	27	— 3.0	+ 0.6	282	3.1	8.0	39
4—5	37	— 2.3	+ 1.9	310	3.0	7.6	39
3—4	40	— 0.5	+ 2.2	347	2.3	6.0	38
2.5—3	45	+ 0.6	+ 1.6	21	1.7	6.3	27
2—2.5	49	— 0.3	+ 2.2	352	2.2	6.2	35
1.5—2	53	— 0.1	+ 2.7	358	2.7	5.8	47
1—1.5	57	+ 0.3	+ 2.4	7	2.4	6.3	38
0.5—1	57	+ 1.6	+ 4.2	21	4.5	8.2	55
0—0.5	58	+ 2.4	+ 3.8	32	4.5	9.0	50
Boden	52	+ 1.1	+ 1.5	36	1.9	5.1	37

φ = 20—25° S, λ = 35—40° W

km	n	E	N	𝔇	𝔳	v	q
15—16	1	— 13.4	+ 0.5	272	13.4	13.4	
14—15	1	— 13.7	+ 0.5	272	13.7	13.7	
13—14	1	— 14.8	+ 1.6	276	14.9	14.9	
12—13	2	— 20.2	+ 9.3	295	22.3	22.2	
11—12	3	— 20.1	+ 4.4	282	20.6	21.1	
10—11	6	— 17.0	+ 2.1	277	17.0	19.3	88
9—10	6	— 17.7	+ 2.7	279	17.4	19.1	91
8—9	7	— 16.0	+ 0.3	271	16.0	17.6	91
7—8	9	— 11.5	+ 4.1	250	12.2	16.0	76
6—7	11	— 9.5	— 2.0	258	9.7	14.2	68
5—6	14	— 7.7	— 1.1	262	7.8	11.0	71
4—5	15	— 5.3	+ 0.2	272	5.3	8.9	60
3—4	17	— 4.0	+ 1.7	293	4.4	7.2	61
2.5—3	19	— 3.1	+ 1.7	299	3.5	7.0	50
2—2.5	21	— 2.4	+ 2.7	318	3.6	6.7	54
1.5—2	22	— 2.5	+ 2.9	319	3.8	6.4	59
1—1.5	22	— 1.4	+ 1.9	324	2.4	6.5	37
0.5—1	24	+ 3.1	+ 1.5	64	3.4	7.4	46
0—0.5	24	+ 3.9	+ 2.0	63	4.4	7.8	56
Boden	16	+ 1.9	+ 3.0	32	3.6	6.3	57

φ = 20—25° S, λ = 30—35° W

km	n	E	N	𝔇	𝔳	v	q
12—13		— 35	— 3	265	35		
11—12		— 28	— 1	268	28		
10—11		— 21	0.0	270	21		
9—10		— 16	— 2	263	16		
8—9	1	— 12.2	— 10.2	230	15.9	15.9	
7—8	1	— 10.4	— 14.6	215	17.9	17.9	
6—7	1	— 4.2	— 14.4	196	15.0	15.0	
5—6	2	+ 0.9	— 14.9	177	14.9	15.2	
4—5	3	— 0.8	— 18.8	182	18.8	19.7	
3—4	4	+ 0.6	— 13.0	177	13.0	13.6	
2.5—3	4	— 0.3	— 12.8	181	12.8	13.0	
2—2.5	5	+ 3.5	— 9.5	160	10.1	11.1	91
1.5—2	5	+ 4.1	— 7.5	152	8.5	9.6	89
1—1.5	5	+ 5.1	— 8.3	149	9.8	10.3	95
0.5—1	5	+ 4.7	— 8.3	151	9.5	10.0	95
0—0.5	5	+ 3.7	— 7.3	153	8.2	8.6	95
Boden	5	+ 4.8	— 6.7	145	8.2	9.0	91

φ = 20—25° S, λ = 25—30° W

km	n	E	N	𝔇	𝔳	v	q
12—13		— 38	— 7	260	39		
11—12	1	— 32.0	— 1.8	267	32.0	32.0	
10—11	1	— 24.0	— 4.4	260	24.3	24.3	
9—10	1	— 19.4	— 10.4	242	22.0	22.0	
8—9	1	— 18.4	— 7.8	247	20.0	20.0	
7—8	1	— 15.6	— 5.8	250	16.6	16.6	
6—7	1	— 9.5	— 5.5	240	11.0	11.0	
5—6	1	— 4.3	— 7.9	208	9.0	9.0	
4—5	2	+ 0.7	— 11.1	177	11.1	13.4	
3—4	2	0.9	— 11.8	184	11.8	12.7	
2.5—3	3	— 1.5	— 12.0	187	12.1	12.1	
2—2.5	3	— 1.4	— 9.3	188	9.4	9.9	
1.5—2	3	— 1.0	— 8.7	186	8.8	9.7	
1—1.5	4	— 0.8	— 8.1	185	8.1	8.9	
0.5—1	4	— 0.8	— 7.8	186	7.8	8.1	
0—0.5	5	— 1.1	— 8.3	187	8.4	9.4	89
Boden	5	— 0.3	— 7.9	182	7.9	8.3	95

φ = 20—25° S, λ = 20—25° W

km	n	E	N	𝔇	𝔳	v	q
13—14	1	— 42.3	— 15.6	250	45.2	45.2	
12—13	1	— 41.4	— 15.2	250	44.1	44.1	
11—12	2	— 28.3	— 13.0	245	31.1	31.1	
10—11	2	— 25.0	— 11.0	246	27.2	27.2	
9—10	2	— 18.2	— 6.8	249	19.5	19.6	
8—9	2	— 12.1	— 6.2	243	13.6	13.7	
7—8	2	— 11.2	— 7.8	235	13.6	13.7	
6—7	2	— 9.0	— 7.8	229	11.9	12.0	
5—6	2	— 5.7	— 5.0	228	7.6	8.0	
4—5	2	— 2.0	— 7.4	195	7.7	7.7	

km	*n*	*E*	*N*	𝔇	𝔳	*v*	q
3—4	2	+ 2.5	— 5.7	157	6.2	6.2	
2.5—3	4	+ 6.2	— 3.3	118	7.0	7.4	
2—2.5	4	+ 7.6	— 3.0	112	8.1	8.4	
1.5—2	4	+ 7.0	— 2.4	109	7.4	7.8	
1—1.5	4	+ 7.6	— 3.2	113	8.2	8.6	
0.5—1	4	+ 7.1	— 5.1	126	8.7	8.8	
0.—05	4	+ 6.7	— 5.4	129	8.6	9.2	
Boden	4	+ 5.0	— 5.6	139	7.5	7.5	
φ = 20—25° S, λ = 15—20° W							
16—17	1	— 20.9	— 14.1	236	25.3	25.3	
15—16	1	— 16.6	— 11.6	235	20.3	20.3	
14—15	1	— 17.2	— 19.2	222	25.8	25.8	
13—14	2	— 16.5	— 18.1	222	24.6	24.6	
12—13	3	— 7.1	— 14.9	205	16.5	19.5	
11—12	3	— 2.5	— 13.0	191	13.3	13.3	
10—11	3	— 1.1	— 13.2	185	13.3	13.3	
9—10	3	— 1.2	— 14.7	185	14.8	15.1	
8—9	3	+ 5.4	— 9.4	150	10.8	13.6	
7—8	4	+ 9.4	— 8.5	132	12.7	14.2	
6—7	4	+ 5.1	— 6.6	142	8.4	9.9	
5—6	4	+ 4.2	— 6.3	147	7.6	9.0	
4—5	4	+ 6.0	— 3.6	121	7.0	8.6	
3—4	4	+ 8.5	— 2.4	106	8.8	9.4	
2.5—3	7	+ 10.9	— 0.7	94	10.9	11.2	97
2—2.5	7	+ 10.1	— 1.1	97	10.1	10.5	96
1.5—2	7	+ 9.6	— 1.9	101	9.8	10.5	93
1—1.5	7	+ 10.4	— 1.1	96	10.5	10.9	96
0.5—1	8	+ 9.6	— 0.8	95	9.6	10.0	96
0—0.5	8	+ 7.8	— 0.3	92	7.8	9.6	81
Boden	8	+ 7.6	— 0.2	92	7.6	8.0	95
φ = 20—25° S, λ = 10—15° W							
15—16	1	— 17.2	— 5.6	252	18.1	18.1	
14—15	1	— 24.6	— 19.5	231	31.6	31.6	
13—14	2	— 31.2	— 33.3	223	45.8	46.5	
12—13	2	— 18.2	— 30.5	211	35.5	35.8	
11—12	2	— 7.7	— 12.7	211	14.9	23.7	
10—11	2	— 3.2	— 15.6	191	15.9	16.2	
9—10	2	— 4.4	— 8.6	207	9.6	9.7	
8—9	3	— 4.1	— 9.1	204	10.0	10.3	
7—8	3	— 0.3	— 8.6	182	8.6	9.0	
6—7	3	+ 2.5	— 9.7	166	10.0	10.2	
5—6	3	+ 3.7	— 8.3	156	9.1	9.2	
4—5	3	+ 5.4	— 6.8	142	8.7	8.9	
3—4	4	+ 5.4	— 6.3	140	8.3	8.8	
2.5—3	4	+ 5.8	— 5.6	134	8.1	8.2	
2—2.5	5	+ 6.0	— 2.6	114	6.5	7.5	87
1.5—2	6	+ 6.3	— 0.9	98	6.3	6.7	94
1—1.5	8	+ 6.4	— 0.4	94	6.4	6.8	94
0.5—1	8	+ 6.1	— 1.7	106	6.3	6.6	95
0—0.5	8	+ 5.6	— 1.7	107	5.8	6.3	92
Boden	8	+ 4.9	— 2.1	114	5.3	5.6	95
φ = 20—25° S, λ = 5—10° W							
18—19	1	— 20.8	— 6.0	254	21.7	21.7	
17—18	1	— 18.4	— 2.0	264	18.5	18.5	
16—17	2	— 18.1	0.0	270	18.1	18.6	
15—16	2	— 22.5	— 1.6	266	22.6	22.6	
14—15	2	— 20.0	— 1.3	266	20.1	20.3	
13—14	2	— 19.8	+ 3.7	281	20.2	20.3	
12—13	2	— 18.3	+ 6.7	290	19.5	19.6	
11—12	2	— 13.4	+ 12.7	314	18.5	18.8	
10—11	3	— 15.1	+ 11.7	308	19.1	19.6	
9—10	3	— 11.7	+ 5.9	297	13.1	13.5	
8—9	3	— 11.9	+ 6.6	299	13.6	14.1	
7—8	3	— 10.9	+ 5.9	299	12.4	12.7	
6—7	3	— 9.1	+ 5.6	302	10.7	10.9	
5—6	3	— 4.7	+ 2.3	296	5.2	6.4	
4—5	4	+ 2.1	+ 5.3	21	5.7	5.9	
3—4	4	+ 7.1	+ 2.3	72	7.4	7.6	
2.5—3	5	+ 7.9	— 1.2	99	8.0	8.2	98
2—2.5	5	+ 8.3	— 0.6	94	8.3	8.4	99
1.5—2	5	+ 7.8	+ 0.5	86	7.8	8.3	94
1—1.5	5	+ 7.4	— 0.3	93	7.4	7.6	97
0.5—1	5	+ 7.5	— 2.0	105	7.8	8.0	98
0—0.5	5	+ 7.5	— 3.1	113	8.1	8.5	95
Boden	5	+ 8.0	— 2.9	110	8.5	8.6	99
φ = 20—25° S, λ = 0—5° W							
9—10		— 13	+ 9	305	16		
8—9		— 11	+ 7	302	13		
7—8		— 8	+ 5	302	9		
6—7		— 6	+ 3	297	7		
5—6		— 1	+ 1	315	2		
4—5		+ 4	0.0	90	4		
3—4	2	+ 8.3	— 0.1	91	8.3	8.7	
2.5—3	3	+ 9.2	+ 1.7	80	9.4	9.5	
2—2.5	3	+ 9.2	+ 2.6	74	9.5	9.6	
1.5—2	4	+ 9.6	+ 1.0	84	9.6	9.7	
1—1.5	6	+ 11.0	— 1.6	98	11.1	11.2	99
0.5—1	7	+ 10.9	— 1.5	98	11.0	11.7	94
0—0.5	7	+ 9.5	— 1.6	100	9.6	10.2	94
Boden	7	+ 8.8	— 1.4	99	8.9	9.6	93
φ = 20—25° S, λ = 0—5° E							
9—10		— 18	+ 13	306	22		
8—9		— 16	+ 10	302	19		
7—8		— 14	+ 8	300	16		
6—7		— 11	+ 5	294	12		
5—6		— 7	+ 2	286	7		
4—5		— 3	— 2	236	4		
3—4	1	0.0	— 5.0	180	5.0	5.0	
2.5—3	1	+ 1.2	— 6.4	170	6.5	6.5	
2—2.5	1	+ 2.6	— 4.9	153	5.5	5.5	
1.5—2	2	+ 6.5	— 1.7	105	6.7	9.3	
1—1.5	5	+ 4.2	— 5.7	144	7.1	7.9	90

km	n	E	N	$\mathfrak{D}$	$\mathfrak{v}$	v	$\mathfrak{q}$
0.5—1	5	+ 3.9	− 7.0	151	8.0	8.6	93
0—0.5	5	+ 3.3	− 7.7	157	8.4	8.7	97
Boden	5	+ 2.2	− 7.5	164	7.8	8.1	96
φ = 20—25° S, λ = 5—10° E							
9—10	1	− 22.5	+ 16.7	307	28.1	28.1	
8—9	2	− 23.2	+ 14.0	301	27.1	27.1	
7—8	3	− 15.5	+ 10.8	305	18.9	19.0	
6—7	3	− 13.9	+ 7.3	298	15.7	15.8	
5—6	3	− 10.3	+ 5.9	300	11.9	12.1	
4—5	3	− 8.0	+ 4.3	299	9.1	9.2	
3—4	3	− 7.7	+ 1.4	281	7.8	8.7	
2.5—3	3	− 6.3	− 0.8	262	6.3	7.9	
2—2.5	3	− 2.5	− 1.2	244	2.8	5.2	
1.5—2	4	0.0	+ 1.7	360	1.7	3.5	
1—1.5	4	+ 2.7	+ 2.0	53	3.4	3.5	
0.5—1	4	+ 6.6	+ 0.1	89	6.6	7.2	
0—0.5	4	+ 6.8	− 4.5	124	8.2	8.5	
Boden	4	+ 7.0	− 5.4	128	8.8	8.9	
φ = 20—25° S, λ = 10—15° E							
17—18	2	− 23.1	+ 4.6	281	23.6	24.0	
16—17	2	− 20.3	+ 7.4	290	21.6	21.7	
15—16	3	− 16.7	+ 2.7	279	16.9	19.2	
14—15	3	− 19.6	+ 2.9	278	19.8	21.7	
13—14	3	− 23.1	0.0	270	23.1	25.2	
12—13	3	− 17.8	− 0.6	268	17.8	22.7	
11—12	4	− 16.0	− 0.9	267	16.0	20.0	
10—11	4	− 12.2	+ 2.8	283	12.5	17.2	
9—10	5	− 15.3	− 1.0	266	15.3	20.1	76
8—9	6	− 6.3	− 1.8	254	6.5	15.2	43
7—8	7	− 3.3	+ 0.1	272	3.3	10.3	32
6—7	8	− 2.8	− 0.6	258	2.9	8.9	33
5—6	8	+ 2.0	+ 1.5	53	2.5	6.6	38
4—5	8	+ 3.2	+ 2.3	54	3.9	7.7	51
3—4	8	+ 3.9	+ 1.3	72	4.1	8.3	49
2.5—3	8	+ 3.5	+ 1.6	65	3.9	6.7	58
2—2.5	8	+ 3.3	+ 2.2	56	4.0	5.3	75
1.5—2	8	+ 4.4	+ 2.3	62	5.0	8.0	63
1—1.5	8	+ 5.5	+ 1.5	75	5.7	6.4	89
0.5—1	8	+ 6.8	− 0.3	92	6.8	8.0	85
0—0.5	11	+ 5.2	− 2.7	117	5.9	8.2	72
Boden	10	+ 0.3	− 4.6	176	4.6	5.4	85
φ = 25—30° S, λ = 45—50° W							
21—22	1	− 13.0	+ 22.5	330	26.0	26.0	
20—21	1	− 10.4	+ 9.4	312	14.0	14.0	
19—20	1	− 5.9	− 5.1	229	7.8	7.8	
18—19	1	− 10.6	− 5.6	242	12.0	12.0	
17—18	1	− 14.5	− 11.0	233	18.2	18.2	
16—17	1	− 7.0	− 5.7	231	9.0	9.0	
15—16	1	− 3.7	− 6.2	211	7.2	7.2	
14—15	2	− 9.7	− 1.4	262	9.8	13.8	
13—14	2	− 10.7	− 7.9	233	13.3	14.0	
12—13	4	− 15.7	− 10.5	236	19.0	20.7	
11—12	4	− 8.8	− 8.7	225	12.5	13.6	
10—11	6	− 8.3	− 7.7	227	11.3	14.0	81
9—10	6	− 6.7	− 8.6	218	10.9	13.5	81
8—9	6	− 5.4	− 9.5	209	10.9	11.8	92
7—8	7	− 3.9	− 6.6	210	7.6	8.7	87
6—7	13	− 6.1	− 3.7	239	7.1	10.0	71
5—6	26	− 9.5	− 5.0	242	10.7	13.7	78
4—5	37	− 7.7	− 3.0	249	8.3	11.6	72
3—4	46	− 4.3	− 1.8	247	4.7	8.4	56
2.5—3	53	− 3.3	− 0.5	261	3.3	7.4	45
2—2.5	54	− 3.2	− 0.9	254	3.3	6.5	51
1.5—2	58	− 2.5	+ 0.2	275	2.5	6.2	40
1—1.5	63	− 2.0	+ 0.5	284	2.1	6.3	33
0.5—1	66	+ 0.2	+ 0.7	16	0.7	6.3	11
0—0.5	68	+ 0.6	0.0	90	0.6	6.1	10
Boden	60	+ 0.1	− 0.9	174	0.9	4.2	21
φ = 25—30° S, λ = 40—45° W							
14—15	1	− 7.9	+ 1.2	279	8.0	8.0	
13—14	1	− 6.7	+ 0.9	278	6.8	6.8	
12—13	2	− 10.6	− 9.2	229	14.0	14.2	
11—12	2	− 8.0	− 10.6	217	13.3	13.4	
10—11	3	− 8.0	− 16.2	206	18.1	18.2	
9—10	3	− 7.5	− 11.7	212	13.9	16.7	
8—9	3	− 5.1	− 11.6	204	12.7	13.3	
7—8	3	− 4.8	− 8.0	210	9.3	9.6	
6—7	3	− 5.7	− 7.1	219	9.1	9.2	
5—6	3	− 3.1	− 6.3	206	7.0	7.5	
4—5	3	− 2.3	− 3.8	211	4.4	4.8	
3—4	4	− 2.8	− 2.3	231	3.6	4.4	
2.5—3	5	− 1.5	+ 2.7	331	3.1	5.1	61
2—2.5	6	− 0.7	+ 3.8	350	3.9	5.9	66
1.5—2	7	− 1.4	+ 2.1	326	2.5	6.5	38
1—1.5	8	− 1.6	+ 1.7	317	2.3	7.4	31
0.5—1	8	− 1.0	+ 1.5	326	1.8	8.1	22
0—0.5	8	+ 0.1	+ 1.9	3	1.9	8.5	22
Boden	8	− 0.1	− 0.6	189	0.6	6.6	9
φ = 25—30° S, λ = 35—40° W							
9—10	1	− 21.0	0.0	270	21.0	21.0	
8—9		− 20	− 5	256	21		
7—8		− 20	− 6	253	21		
6—7		− 20	− 8	248	22		
5—6		− 18	− 9	243	20		
4—5	1	− 15.3	− 7.4	244	17.0	17.0	
3—4	1	− 12.5	− 6.3	243	14.0	14.0	
2.5—3	2	− 5.5	− 2.2	248	5.9	6.0	
2—2.5	2	− 4.2	− 1.3	253	4.4	4.7	
1.5—2	2	+ 0.7	+ 0.8	41	1.1	1.1	
1—1.5	2	+ 2.0	+ 2.2	42	3.0	3.0	
0.5—1	2	+ 5.0	+ 3.4	55	6.0	6.0	
0—0.5	4	+ 8.3	+ 5.3	57	9.9	10.6	
Boden	4	+ 6.3	+ 4.9	52	8.0	8.0	

$\varphi = 25—30°$ S, $\lambda = 30—35°$ W

km	n	E	N	𝔇	𝔳	v	q
9—10	1	—49.4	—24.1	244	55.0	55.0	
8—9		—45	—20	246	49		
7—8		—40	—15	249	43		
6—7		—38	—14	250	41		
5—6	1	—33.4	—13.2	248	36.0	36.0	
4—5	1	—26.6	—17.2	237	31.6	31.6	
3—4	1	—13.2	—11.3	229	17.4	17.4	
2.5—3	1	— 8.1	— 7.9	226	11.2	11.2	
2—2.5	1	— 3.9	— 4.6	220	6.0	6.0	
1.5—2	2	— 1.9	— 4.5	203	4.9	5.1	
1—1.5	3	+ 0.6	— 5.8	174	5.8	5.8	
0.5—1	4	+ 0.8	— 5.6	172	5.6	6.2	
0—0.5	4	+ 1.0	— 6.8	172	6.9	7.6	
Boden	4	— 0.5	— 5.8	185	5.8	6.5	

$\varphi = 25—30°$ S, $\lambda = 25—30°$ W

km	n	E	N	𝔇	𝔳	v	q
9—10	2	—52.2	+ 4.8	275	52.6	52.6	
8—9		—48	0.0	270	48		
7—8		—43	— 5	264	43		
6—7		—40	— 8	259	41		
5—6		—37	—10	255	38		
4—5		—33	—10	253	35		
3—4	1	—31.0	0.0	270	31.0	31.0	
2.5—3	2	—18.0	— 5.2	254	18.8	18.9	
2—2.5	2	—16.9	— 5.6	251	17.8	18.2	
1.5—2	5	—15.1	— 1.1	266	15.1	15.6	97
1—1.5	6	—11.7	— 0.8	266	11.7	12.2	96
0.5—1	6	— 8.7	— 2.4	254	9.0	9.6	94
0—0.5	6	— 8.2	— 3.1	249	8.8	9.6	92
Boden	6	— 7.6	— 2.0	255	7.8	8.6	91

$\varphi = 25—30°$ S, $\lambda = 20—25°$ W

km	n	E	N	𝔇	𝔳	v	q
9—10		—27	+ 2	274	27		
8—9		—27	+ 2	274	27		
7—8		—27	0	270	27		
6—7		—27	— 1	268	27		
5—6		—27	— 2	266	27		
4—5		—25	— 3	263	25		
3—4	1	—22.8	+ 1.8	275	22.9	22.9	
2.5—3	2	—22.8	+ 2.0	275	22.9	22.9	
2—2.5	2	—22.6	+ 1.3	273	22.6	22.7	
1.5—2	3	—23.1	+ 2.3	276	23.2	23.5	
1—1.5	3	—19.1	+ 1.8	275	19.1	19.5	
0.5—1	4	—16.6	+ 5.0	287	17.3	17.6	
0—0.5	4	—11.0	+ 4.9	294	12.0	13.5	
Boden	4	— 8.3	+ 5.0	301	9.7	10.5	

$\varphi = 25—30°$ S, $\lambda = 15—20°$ W

km	n	E	N	𝔇	𝔳	v	q
15—16	1	—32.8	— 4.6	262	33.2	33.2	
14—15	1	—30.0	+ 1.4	273	30.0	30.0	
13—14	2	—32.4	— 3.3	264	32.6	32.6	
12—13	3	—29.6	— 2.5	265	29.7	30.0	
11—12	3	—28.0	— 4.2	261	28.3	28.7	
10—11	3	—21.2	— 2.9	262	21.4	21.7	
9—10	5	—16.6	— 2.1	263	16.7	17.4	96
8—9	4	—13.1	— 1.8	262	13.2	14.0	
7—8	5	—13.3	— 2.8	258	13.6	15.2	90
6—7	6	—12.0	— 3.7	253	12.6	14.0	90
5—6	6	—10.5	— 3.9	249	11.2	11.8	95
4—5	6	— 9.5	— 5.4	240	10.9	11.7	93
3—4	8	— 8.3	— 3.6	246	9.0	9.4	96
2.5—3	8	— 6.9	— 2.9	247	7.5	8.2	91
2—2.5	8	— 4.6	— 2.4	242	5.2	7.8	67
1.5—2	8	— 5.0	— 1.5	253	5.2	8.5	61
1—1.5	9	— 4.7	— 1.7	250	5.0	7.0	72
0.5—1	10	— 6.0	— 0.2	268	6.0	7.2	83
0—0.5	10	— 4.8	+ 1.3	285	5.0	6.2	81
Boden	10	— 3.6	+ 1.6	294	3.9	4.8	81

$\varphi = 25—30°$ S, $\lambda = 10—15°$ W

km	n	E	N	𝔇	𝔳	v	q
15—16	1	—38.0	+ 2.0	273	38.1	38.1	
14—15	1	—37.8	+ 3.0	275	37.8	37.8	
13—14	1	—43.6	+ 5.2	277	44.3	44.3	
12—13	1	—32.0	+ 8.0	284	33.0	33.0	
11—12	1	—28.6	+ 3.2	277	28.8	28.8	
10—11	1	—31.0	+ 0.3	271	31.0	31.0	
9—10	1	—21.0	+ 2.0	276	21.1	21.1	
8—9	1	—19.0	— 0.6	268	19.0	19.0	
7—8	1	—15.7	— 1.4	265	15.8	15.8	
6—7	1	— 9.8	— 4.4	246	10.7	10.7	
5—6	1	— 9.9	— 5.9	239	11.5	11.5	
4—5	1	— 3.9	— 4.6	220	6.0	6.0	
3—4	1	— 1.9	— 2.3	220	3.0	3.0	
2.5—3	1	— 3.2	— 3.8	220	5.0	5.0	
2—2.5	1	— 2.8	— 3.4	219	4.4	4.4	
1.5—2	1	— 4.5	— 4.8	223	6.6	6.6	
1—1.5	3	— 0.2	— 0.1	243	0.2	5.6	
0.5—1	4	+ 1.3	+ 0.5	69	1.4	4.3	
0—0.5	4	+ 1.6	+ 1.7	43	2.3	4.8	
Boden	4	— 0.2	+ 0.1	297	0.2	3.2	

$\varphi = 25—30°$ S, $\lambda = 5—10°$ W

km	n	E	N	𝔇	𝔳	v	q
10—11	1	—31.4	— 6.4	258	32.0	32.0	
9—10	1	—24.0	— 6.0	256	24.7	24.7	
8—9	1	—18.0	— 9.0	243	20.2	20.2	
7—8	1	—14.2	— 8.2	240	16.4	16.4	
6—7	1	—13.3	— 9.0	236	16.1	16.1	
5—6	1	—11.9	—10.0	230	15.5	15.5	
4—5	1	— 5.3	— 9.9	208	11.2	11.2	
3—4	2	— 4.2	— 9.4	205	9.9	10.8	
2.5—3	2	— 4.4	— 8.4	207	9.5	9.7	
2—2.5	2	— 4.4	— 6.3	215	7.7	7.8	
1.5—2	2	— 2.7	— 5.7	205	6.3	6.4	
1—1.5	3	— 3.3	— 5.0	213	6.0	6.3	
0.5—1	3	— 0.2	— 6.6	181	6.6	7.1	
0—0.5	3	+ 0.6	— 6.6	175	6.6	7.1	
Boden	3	— 2.1	— 4.5	205	5.0	5.6	

φ = 25—30° S, λ = 0—5° W

km	n	E	N	𝔇	𝔳	v	q
9—10		—25	—6	257	26		
8—9		—19	—10	242	22		
7—8		—14	—10	234	17		
6—7		—13	—10	232	16		
5—6		—11	—15	216	19		
4—5	1	—8.2	—16.0	207	18.0	18.0	
3—4	1	+0.9	—11.4	176	11.4	11.4	
2.5—3	2	+2.0	—8.9	167	9.1	9.5	
2—2.5	2	+1.9	—6.9	165	7.1	7.5	
1.5—2	4	+3.5	—8.0	157	8.7	9.2	
1—1.5	4	+3.5	—7.4	155	8.2	8.7	
0.5—1	4	+4.0	—8.7	156	9.5	9.8	
0—0.5	4	+4.9	—8.0	149	9.4	9.4	
Boden	4	+2.5	—9.5	165	9.8	9.9	

φ = 25—30° S, λ = 0—5° E

km	n	E	N	𝔇	𝔳	v	q
9—10		—26	+11	293	28		
8—9	1	—19.8	+11.8	301	23.1	23.1	
7—8	1	—14.6	+11.6	321	18.6	18.6	
6—7	1	—13.2	+10.5	309	16.9	16.9	
5—6	1	—11.2	+9.8	311	14.9	14.9	
4—5	1	—8.5	+10.3	321	13.3	13.3	
3—4	1	—8.1	+8.1	315	11.4	11.4	
2.5—3	1	—10.8	+7.4	304	13.1	13.1	
2—2.5	3	—0.7	+5.0	353	5.0	7.2	
1.5—2	5	+0.2	—2.7	176	2.7	7.5	36
1—1.5	6	+2.1	—6.2	162	6.5	8.3	78
0.5—1	7	+1.6	—5.2	163	5.4	8.6	63
0—0.5	7	+0.6	—5.3	174	5.3	8.1	65
Boden	7	+0.8	—4.3	170	4.3	7.5	57

φ = 25—30° S, λ = 5—10° E

km	n	E	N	𝔇	𝔳	v	q
9—10		—30	+13	293	33		
8—9		—25	+16	303	30		
7—8	1	—21.8	+17.6	309	28.0	28.0	
6—7	1	—16.6	+21.0	322	27.0	27.0	
5—6	1	—16.0	+17.0	317	23.4	23.4	
4—5	2	—8.0	+13.6	330	15.8	16.0	
3—4	3	—9.7	+9.2	314	13.4	14.0	
2.5—3	3	—10.9	+8.5	308	13.8	14.5	
2—2.5	4	—8.8	+8.8	315	12.4	13.2	
1.5—2	5	—9.0	+7.8	311	11.9	12.6	95
1—1.5	6	—6.3	+2.7	294	6.8	7.5	91
0.5—1	7	—2.2	+0.4	280	2.2	3.0	73
0—0.5	7	+0.8	+1.1	36	1.4	1.6	88
Boden	7	+1.3	+1.6	39	2.1	2.6	81

φ = 25—30° S, λ = 10—15° E

km	n	E	N	𝔇	𝔳	v	q
9—10		—38	+10	285	39		
8—9		—34	+11	288	36		
7—8		—31	+8	284	32		
6—7	1	—26.8	+3.2	277	27.0	27.0	
5—6	1	—6.8	—1.2	260	6.9	6.9	
4—5	1	—5.4	—3.8	235	6.6	6.6	
3—4	1	—5.0	—2.1	247	5.4	5.4	
2.5—3	1	—3.6	—4.8	217	6.0	6.0	
2—2.5	2	—0.7	—0.9	218	1.1	1.4	
1.5—2	2	—2.9	—0.8	255	3.0	3.0	
1—1.5	3	—5.6	+2.2	292	6.0	10.4	
0.5—1	5	+0.6	—0.9	146	1.1	6.4	17
0—0.5	6	+0.2	+0.5	22	0.5	6.4	8
Boden	6	+0.2	—0.4	153	0.5	4.7	11

φ = 25—30° S, λ = 15—20° E

km	n	E	N	𝔇	𝔳	v	q
1.5—2	1	+3.0	+0.6	78	3.1	3.1	
1—1.5	2	+2.4	+3.4	35	4.2	6.0	
0.5—1	2	+4.5	+5.3	40	6.9	9.2	
0—0.5	2	+5.6	—0.4	94	5.6	10.0	
Boden							

φ = 30—35° S, λ = 55—60° W

km	n	E	N	𝔇	𝔳	v	q
9—10	1	—42.8	+13.9	288	45.0	45.0	
8—9	1	—37.7	+4.6	277	38.0	38.0	
7—8	1	—34.3	+1.2	272	34.3	34.3	
6—7	2	—28.5	+4.7	279	29.4	30.0	
5—6	2	—27.9	+6.2	283	28.6	29.2	
4—5	3	—19.8	—1.1	267	19.9	21.0	
3—4	4	—14.6	—2.6	260	14.9	15.2	
2.5—3	5	—7.0	—3.8	241	8.0	8.8	91
2—2.5	5	—6.4	—5.2	231	8.3	9.2	90
1.5—2	5	—4.4	—5.3	220	6.9	7.6	91
1—1.5	5	—0.6	—5.4	186	5.5	6.3	87
0.5—1	6	—3.2	—3.8	220	5.0	8.0	62
0—0.5	6	—3.7	—2.6	235	4.5	8.2	55
Boden	5	+1.1	—1.3	140	1.7	3.8	45

φ = 30—35° S, λ = 50—55° W

km	n	E	N	𝔇	𝔳	v	q
21—22	1	—6.7	—5.2	232	8.5	8.5	
20—21	1	—4.8	—5.1	223	7.0	7.0	
19—20	1	—5.3	—7.5	215	9.2	9.2	
18—19	1	—10.6	—7.5	235	13.0	13.0	
17—18	1	—11.3	—6.0	242	12.8	12.8	
16—17	1	—12.2	—12.2	225	17.3	17.3	
15—16	1	—19.6	—17.1	229	26.1	26.1	
14—15	1	—16.7	—17.3	224	24.1	24.1	
13—14	1	—14.3	—23.7	211	27.7	27.7	
12—13	1	—6.0	—11.7	207	13.1	13.1	
11—12	1	—6.0	—10.4	210	12.0	12.0	
10—11	1	—5.7	—7.0	219	9.0	9.0	
9—10	2	—7.1	—3.6	243	8.0	8.3	
8—9	5	—14.1	—4.4	253	14.8	24.0	62
7—8	10	—18.6	—3.0	261	18.9	20.6	92
6—7	12	—14.2	—2.7	259	14.5	15.4	94
5—6	20	—14.0	—2.4	260	14.2	15.1	94

km	n	E	N	$\mathfrak{D}$	$\mathfrak{v}$	v	q
4—5	26	— 11.2	— 2.2	259	11.4	13.0	88
3—4	36	— 7.8	— 1.2	261	7.9	9.9	80
2.5—3	45	— 5.4	— 1.2	257	5.5	8.3	66
2—2.5	49	— 4.5	— 1.1	256	4.6	8.2	56
1.5—2	53	— 3.7	— 0.6	261	3.7	7.5	49
1—1.5	54	— 2.4	+ 0.1	272	2.4	7.6	32
0.5—1	57	— 1.8	0.0	270	1.8	7.6	24
0—0.5	58	— 1.0	— 0.1	264	1.0	8.0	12
Boden	49	— 0.2	— 1.1	190	1.1	5.3	21
$\varphi = 30—35^0$ S, $\lambda = 15—20^0$ E							
1.5—2	1	+ 1.8	— 5.7	162	6.0	6.0	
1—1.5	1	+ 4.0	— 4.1	136	5.7	5.7	
0.5—1	1	+ 6.5	— 4.4	124	7.8	7.8	
0—0.5	1	+ 4.1	— 6.5	148	7.7	7.7	
$\varphi = 35—40^0$ S, $\lambda = 55—60^0$ W							
10—11	1	— 30.9	— 4.4	262	31.2	31.2	
9—10	1	— 19.5	— 4.4	257	20.0	20.0	
8—9	1	— 19.0	— 3.9	258	19.4	19.4	
7—8	1	— 18.5	+ 1.7	275	18.6	18.6	
6—7	2	— 15.6	— 5.1	252	16.4	16.8	
5—6	2	— 12.5	— 3.1	256	12.9	13.2	
4—5	2	— 10.4	— 2.8	255	10.8	11.0	
3—4	3	— 13.5	— 3.0	257	13.8	14.3	
2.5—3	5	— 11.8	— 5.5	245	13.0	13.6	96
2—2.5	5	— 10.0	— 6.6	236	12.0	12.4	97
1.5—2	5	— 8.7	— 7.8	228	11.7	12.0	98
1—1.5	5	— 6.4	— 6.2	226	8.9	9.1	98
0.5—1	5	— 5.9	— 3.4	240	6.8	7.5	91
0—0.5	5	— 4.1	— 0.7	260	4.1	6.0	68
Boden	5	— 2.5	— 2.6	224	3.6	5.3	68
$\varphi = 35—40^0$ S, $\lambda = 15—20^0$ E							
10—11	1	— 69.0	— 10.0	262	70.0	70.0	
9—10	2	— 41.7	— 8.3	259	42.6	42.6	
8—9	2	— 38.6	— 14.6	249	41.0	41.5	
7—8	3	— 30.7	— 14.8	244	34.1	34.7	
6—7	2	— 29.6	— 9.4	252	31.0	31.0	
5—6	2	— 24.3	— 8.8	250	25.9	26.1	
4—5	2	— 20.5	— 8.3	248	22.2	22.2	
3—4	3	— 9.0	— 3.4	249	9.6	10.8	
2.5—3	4	— 6.1	+ 0.2	272	6.1	8.0	
2—2.5	5	— 2.1	— 0.7	251	2.2	8.6	26
1.5—2	5	— 3.0	— 1.3	247	3.3	6.8	49
1—1.5	5	— 1.9	— 3.0	212	3.6	6.3	57
0.5—1	8	— 3.4	— 3.1	228	4.6	7.6	61
0—0.5	9	— 3.2	— 3.7	221	4.9	7.4	66
Boden	9	— 2.8	— 3.3	220	4.8	7.9	61

Tabelle 4

Mittlere Komponenten und Vektoren, skalare Geschwindigkeiten sowie Beständigkeit des Windes in den verschiedenen Höhenstufen, berechnet für die 5°-Felder im Ozeangebiet 20° N—30° S für die Jahreshälfte November—April

Tabelle 4a

Mittlere Windfaktoren für 5°-Felder auf Nordbreite zwischen 20° N und Äquator (Nord-Winter)

$\varphi = 15—20^0$ N, $\lambda = 55—60^0$ W

km	n	E	N	$\mathfrak{D}$	$\mathfrak{v}$	v	$\mathfrak{q}$
16—17	1	— 22.5	0.0	270	22.5	22.5	
15—16	1	— 19.6	— 6.0	253	20.5	20.5	
14—15	1	— 26.1	— 7.0	255	27.0	27.0	
13—14	2	— 10.2	+ 1.6	279	10.3	18.4	
12—13	2	— 7.8	+ 4.6	301	9.1	19.4	
11—12	2	— 7.9	+ 5.2	303	9.4	16.7	
10—11	4	— 5.9	+ 5.2	311	7.9	16.2	
9—10	5	— 5.3	+ 3.8	306	6.5	12.3	53
8—9	5	— 3.6	+ 0.7	281	3.7	10.3	36
7—8	7	— 7.8	+ 0.7	275	7.8	11.7	67
6—7	7	— 4.3	— 1.4	252	4.5	10.7	42
5—6	9	— 4.6	— 1.2	255	4.8	10.2	47
4—5	11	— 2.6	— 0.7	255	2.7	7.0	39
3—4	15	— 1.0	— 0.9	228	1.3	5.5	24
2.5—3	18	0.0	0.0	0	0.0	4.9	0
2—2.5	20	+ 2.2	— 0.3	98	2.2	6.0	37
1.5—2	22	+ 3.7	— 0.6	99	3.8	6.7	57
1—1.5	23	+ 5.1	— 1.2	103	5.2	6.8	76
0.5—1	24	+ 6.6	— 0.8	97	6.6	7.5	88
0—0.5	25	+ 6.9	+ 0.1	89	6.9	7.5	92
Boden	15	+ 6.5	+ 1.5	77	6.7	6.9	97

$\varphi = 15—20^0$ N, $\lambda = 50—55^0$ W

km	n	E	N	$\mathfrak{D}$	$\mathfrak{v}$	v	$\mathfrak{q}$
15—16	2	· 6.5	+ 13.6	334	15.1	15.6	
14—15	2	— 8.2	+ 12.7	327	15.1	15.3	
13—14	2	— 11.0	+ 9.6	311	14.6	14.7	
12—13	2	+ 1.8	+ 3.0	31	3.5	3.5	
11—12	2	+ 4.2	+ 7.2	30	8.3	8.5	
10—11	2	+ 4.9	+ 8.8	29	10.1	10.2	
9—10	4	+ 6.0	+ 4.3	54	7.4	10.2	
8—9	4	+ 6.1	+ 7.6	39	9.8	10.1	
7—8	4	+ 5.6	+ 5.0	48	7.5	7.7	
6—7	5	+ 4.0	+ 2.1	62	4.5	8.0	56
5—6	5	+ 4.8	+ 1.8	69	5.1	7.1	72
4—5	5	+ 5.2	+ 1.2	77	5.3	6.0	88
3—4	6	+ 5.2	+ 1.2	77	5.3	7.8	68
2.5—3	6	+ 7.4	+ 0.3	87	7.4	7.9	94
2—2.5	7	+ 6.7	— 0.7	96	6.7	7.5	89
1.5—2	7	+ 7.8	— 1.6	102	8.0	8.5	94
1—1.5	8	+ 8.4	— 1.2	98	8.5	9.0	94
0.5—1	8	+ 8.6	— 0.5	93	8.6	9.1	94
0—0.5	8	+ 6.8	— 1.2	100	6.9	8.2	84
Boden	8	+ 5.8	+ 1.6	74	6.0	6.5	92

$\varphi = 15—20^0$ N, $\lambda = 40—45^0$ W

km	n	E	N	$\mathfrak{D}$	$\mathfrak{v}$	v	$\mathfrak{q}$
10—11		— 25	0.0	270	25		
9—10		— 20	+ 6	287	21		
8—9		— 18	+ 10	299	21		
7—8		— 15	+ 7	295	17		
6—7		— 11	+ 5	294	12		
5—6	2	— 8.3	+ 1.5	280	8.4	8.5	
4—5	3	— 2.7	— 1.5	241	3.1	3.6	
3—4	4	— 0.7	— 6.1	186	6.1	6.8	
2.5—3	4	+ 0.9	— 1.2	143	1.5	2.5	
2—2.5	5	+ 3.9	+ 0.4	84	3.9	4.7	83
1.5—2	5	+ 6.0	+ 2.7	65	6.6	7.1	93
1—1.5	8	+ 9.1	+ 3.1	71	9.6	10.4	92
0.5—1	10	+ 9.3	+ 3.9	67	10.1	10.6	95
0—05	10	+ 9.3	+ 4.5	64	10.3	11.1	93
Boden	10	+ 9.7	+ 3.4	71	10.3	10.3	100

$\varphi = 15—20^0$ N, $\lambda = 35—40^0$ W

km	n	E	N	$\mathfrak{D}$	$\mathfrak{v}$	v	$\mathfrak{q}$
10—11		— 35	— 2	267	35		
9—10	1	— 24.6	+ 5.2	282	25.2	25.2	
8—9	2	— 15.7	+ 11.4	307	19.0	19.0	
7—8	2	— 12.2	+ 8.8	306	15.0	15.1	
6—7	2	— 2.7	+ 5.3	333	5.9	6.3	
5—6	2	+ 4.1	+ 2.1	62	4.6	4.7	
4—5	2	+ 2.7	0.0	90	2.7	2.8	
3—4	2	— 3.5	— 0.2	267	3.5	3.5	
2.5—3	2	— 3.0	+ 1.6	298	3.4	3.1	
2—2.5	2	+ 3.3	+ 2.2	56	4.0	4.1	
1.5—2	4	+ 9.8	+ 0.8	85	9.8	9.9	
1—1.5	4	+ 12.4	+ 2.3	80	12.6	12.7	
0.5—1	4	+ 11.9	+ 4.4	70	12.7	12.6	
0—0.5	4	+ 10.7	+ 5.6	62	12.1	12.2	
Boden	4	+ 9.8	+ 5.0	63	11.0	11.1	

$\varphi = 15—20^0$ N, $\lambda = 30—35^0$ W

km	n	E	N	$\mathfrak{D}$	$\mathfrak{v}$	v	$\mathfrak{q}$
10—11	2	— 40.8	— 11.8	254	42.7	42.7	
9—10	1	— 38.0	— 12.8	251	40.1	40.1	
8—9	1	— 28.5	— 9.0	252	30.0	30.0	
7—8	2	— 20.1	— 11.0	241	23.0	23.5	
6—7	2	— 11.2	— 7.4	237	13.6	14.5	
5—6	4	— 8.1	— 5.0	238	9.5	10 6	
4—5	4	— 8.7	— 2.2	256	9.0	9.5	
3—4	6	— 6.8	— 1.5	257	7.0	7.9	89

km	n	E	N	𝔇	𝔳	v	𝔮
2.5—3	6	— 7.6	— 0.4	267	7.6	7.7	99
2—2.5	7	— 6.8	— 1.2	260	6.9	8.1	85
1.5—2	7	— 6.2	— 0.9	262	6.2	7.9	79
1—1.5	7	— 3.5	+ 1.8	297	3.9	7.3	53
0.5—1	7	— 1.1	+ 2.6	337	2.8	7.9	35
0—0.5	7	+ 5.7	+ 4.1	54	7.0	8.0	88
Boden	7	+ 4.5	+ 5.8	38	7.3	7.5	97

φ = 15—20° N, λ = 25—30° W

km	n	E	N	𝔇	𝔳	v	𝔮
17—18	1	+ 3.0	+ 5.2	30	6.0	6.0	
16—17	1	+ 7.2	+ 8.3	41	11.0	11.0	
15—16	1	+ 4.9	+ 10.4	25	11.5	11.5	
14—15	1	+ 3.8	+ 4.1	43	5.6	5.6	
13—14	2	— 2.8	— 2.4	229	3.7	12.3	
12—13	2	+ 4.1	— 2.8	124	5.0	7.9	
11—12	3	— 10.3	— 5.0	244	11.5	17.6	
10—11	4	— 15.7	— 6.8	247	17.1	21.4	
9—10	5	— 15.7	— 7.0	246	17.2	22.3	77
8—9	7	— 15.9	— 3.8	256	16.3	20.1	81
7—8	10	— 12.8	— 6.4	243	14.4	16.1	89
6—7	12	— 9.0	— 5.6	238	10.6	14.3	74
5—6	13	— 7.2	— 2.6	250	7.7	10.2	75
4—5	13	— 4.6	— 2.4	242	5.2	9.3	56
3—4	17	— 2.5	— 0.8	252	2.6	11.6	22
2.5—3	23	— 3.7	— 1.2	252	3.9	8.0	49
2—2.5	26	— 3.2	— 0.2	266	3.2	7.8	41
1.5—2	28	+ 1.3	+ 0.8	58	1.5	5.4	28
1—1.5	33	+ 3.3	+ 2.4	54	4.1	6.2	66
0.5—1	35	+ 5.6	+ 3.2	60	6.5	7.6	86
0—0.5	37	+ 6.0	+ 4.6	53	7.5	8.1	93
Boden	22	+ 4.2	+ 4.2	45	5.9	7.0	84

φ = 15—20° N, λ = 20—25° W

km	n	E	N	𝔇	𝔳	v	𝔮
12—13	2	— 21.6	+ 0.4	271	21.6	21.8	
11—12	2	— 20.8	+ 4.7	283	21.3	21.4	
10—11	4	— 24.4	+ 3.4	278	24.6	25.3	
9—10	9	— 21.7	+ 1.0	273	21.7	23.8	91
8—9	14	— 17.0	— 0.8	267	17.0	19.5	87
7—8	24	— 16.1	— 1.3	265	16.1	18.6	87
6—7	31	— 11.6	— 0.4	268	11.6	15.2	76
5—6	38	— 8.2	— 0.4	267	8.2	11.7	70
4—5	55	— 5.8	— 0.9	261	5.8	8.8	66
3—4	77	— 3.7	— 1.8	244	4.1	8.4	49
2.5—3	93	— 2.5	— 0.8	252	2.6	7.9	33
2—2.5	100	— 2.0	— 0.1	267	2.0	7.1	28
1.5—2	120	+ 0.2	+ 0.2	45	0.3	6.5	5
1—1.5	126	+ 2.6	+ 1.9	54	3.2	6.6	48
0.5—1	132	+ 5.3	+ 3.6	56	6.4	8.0	80
0—0.5	135	+ 5.3	+ 5.4	44	7.5	7.9	95
Boden	123	+ 3.8	+ 5.3	35	6.5	7.1	92

φ = 15—20° N, λ = 15—20° W

km	n	E	N	𝔇	𝔳	v	𝔮
15—16	1	— 10.3	+ 2.0	281	10.4	10.4	
14—15	2	— 11.6	+ 1.3	277	11.7	13.3	

km	n	E	N	𝔇	𝔳	v	𝔮
13—14	3	— 18.2	+ 2.6	278	18.4	20.0	
12—13	4	— 18.4	— 1.7	265	18.5	18.5	
11—12	5	— 18.0	— 3.3	259	18.3	19.3	95
10—11	5	— 14.3	— 2.1	262	14.5	14.6	99
9—10	7	— 17.5	+ 8.8	297	19.6	23.5	83
8—9	9	— 18.9	— 2.0	264	19.0	22.0	86
7—8	11	— 14.8	— 4.6	253	15.5	17.1	91
6—7	19	— 7.5	— 3.8	243	8.4	11.2	75
5—6	24	— 4.8	— 2.4	243	5.4	8.7	62
4—5	26	— 2.4	— 0.9	249	2.6	6.4	41
3—4	35	— 2.0	— 0.7	251	2.1	5.5	38
2.5—3	37	— 0.6	— 0.9	214	1.1	5.0	22
2—2.5	38	+ 0.1	— 0.6	170	0.6	4.3	14
1.5—2	40	+ 0.7	+ 0.1	82	0.7	4.3	16
1—1.5	40	+ 2.4	+ 1.2	63	2.7	4.5	60
0.5—1	42	+ 5.0	+ 2.8	61	5.7	6.8	84
0—0.5	42	+ 5.1	+ 4.3	50	6.7	7.9	91
Boden	27	+ 2.7	+ 4.2	33	5.0	5.9	85

φ = 10—15° N, λ = 55—60° W

km	n	E	N	𝔇	𝔳	v	𝔮
14—15	1	— 5.7	+ 12.2	335	13.5	13.5	
13—14	1	— 9.1	+ 13.4	326	16.2	16.2	
12—13	1	— 13.3	+ 13.8	316	19.2	19.2	
11—12	1	— 14.3	+ 10.0	305	17.5	17.5	
10—11	1	— 10.9	+ 9.5	311	14.5	14.5	
9—10	1	— 9.0	+ 10.7	320	14.0	14.0	
8—9	3	— 10.0	+ 7.8	308	12.7	12.7	
7—8	3	— 7.0	+ 6.9	314	9.8	10.0	
6—7	4	+ 0.7	+ 1.0	35	1.2	4.4	
5—6	4	+ 3.6	— 2.0	119	4.1	5.8	
4—5	5	+ 0.4	— 2.3	170	2.3	4.9	47
3—4	8	0.0	— 2.5	180	2.5	5.2	48
2.5—3	8	— 0.5	— 1.8	196	1.9	6.0	32
2—2.5	8	+ 1.5	— 2.2	146	2.7	6.4	42
1.5—2	8	+ 3.3	— 2.1	122	3.9	5.6	70
1—1.5	8	+ 5.0	— 2.5	116	5.6	6.0	93
0.5—1	10	+ 7.9	— 1.2	99	8.0	8.4	95
0—0.5	10	+ 7.5	— 0.8	96	7.5	8.0	94
Boden	6	+ 5.3	— 2.0	111	5.6	7.0	80

φ = 10—15° N, λ = 45—50° W

km	n	E	N	𝔇	𝔳	v	𝔮
18—19	1	+ 4.5	+ 7.7	30	8.9	8.9	
17—18	2	— 4.6	+ 2.9	303	5.4	10.6	
16—17	2	— 8.5	0.0	270	8.5	9.2	
15—16	2	— 15.0	+ 1.5	276	15.0	15.5	
14—15	2	— 17.1	+ 4.7	286	17.7	17.8	
13—14	2	— 12.2	— 1.7	262	12.3	12.5	
12—13	4	— 15.6	— 2.6	260	15.8	16.1	
11—12	6	— 16.5	— 3.1	259	16.8	17.7	95
10—11	7	— 16.7	— 1.8	264	16.8	18.2	92
9—10	7	— 12.6	+ 2.5	281	12.8	14.1	91
8—9	7	— 6.7	+ 5.4	310	8.6	10.0	86
7—8	7	— 3.2	+ 3.4	317	4.7	6.5	72

km	n	E	N	𝔇	𝔳	v	𝔮
6—7	7	— 2.6	+ 3.9	326	4.7	5.6	84
5—6	8	— 1.5	+ 0.9	301	1.8	4.8	38
4—5	9	+ 1.9	+ 0.1	87	1.9	3.8	50
3—4	10	+ 4.5	— 1.4	108	4.7	6.4	73
2.5—3	10	+ 6.0	— 3.0	117	6.7	7.7	87
2—2.5	10	+ 8.2	— 1.4	100	8.3	9.0	92
1.5—2	10	+ 7.4	— 0.9	97	7.5	8.0	94
1—1.5	11	+ 8.2	+ 1.3	81	8.3	8.4	99
0.5—1	11	+ 9.1	+ 2.0	78	9.3	9.4	99
0—0.5	11	+ 8.9	+ 3.4	69	9.5	9.6	99
Boden	11	+ 8.4	+ 3.2	69	9.0	9.1	99

$\varphi = 10—15^0$ N, $\lambda = 35—40^0$ W

km	n	E	N	𝔇	𝔳	v	𝔮
8—9	1	— 11.2	+ 4.2	291	12.0	12.0	
7—8	1	— 10.7	+ 1.5	278	10.8	10.8	
6—7	1	— 10.7	+ 1.6	279	10.8	10.8	
5—6	1	— 4.5	— 0.5	263	4.5	4.5	
4—5	1	0.0	— 5.3	180	5.3	5.3	
3—4	1	+ 2.1	— 1.3	122	2.5	2.5	
2.5—3	1	+ 2.5	— 0.2	95	2.5	2.5	
2—2.5	1	+ 2.0	— 1.9	134	2.8	2.8	
1.5—2	2	+ 7.5	— 5.1	124	9.1	9.1	
1—1.5	2	+ 6.1	— 3.7	121	7.1	7.3	
0.5—1	2	+ 5.0	— 0.1	91	5.0	5.0	
0—0.5	2	+ 5.6	+ 3.2	60	6.4	7.0	
Boden	2	+ 6.1	+ 5.5	48	8.2	8.2	

$\varphi = 10—15^0$ N, $\lambda = 30—35^0$ W

km	n	E	N	𝔇	𝔳	v	𝔮
11—12		— 15	— 10	236	18		
10—11		— 14	— 7	243	16		
9—10		— 13	— 5	249	14		
8—9	1	— 10.9	— 1.2	264	11.0	11.0	
7—8	1	— 9.9	— 1.6	260	10.0	10.0	
6—7	1	— 6.2	— 4.4	234	7.6	7.6	
5—6	2	+ 1.7	— 3.1	151	3.5	4.3	
4—5	2	+ 5.9	— 2.2	111	6.3	6.5	
3—4	2	+ 6.6	— 2.0	107	6.9	7.4	
2.5—3	4	+ 12.8	— 3.8	107	13.4	13.9	
2—2.5	7	+ 12.0	+ 0.5	87	12.0	12.7	94
1.5—2	8	+ 12.3	+ 1.8	81	12.4	13.1	95
1—1.5	8	+ 13.3	+ 2.3	80	13.5	13.9	97
0.5—1	8	+ 11.9	+ 3.7	73	12.4	13.0	95
0—0.5	8	+ 6.8	+ 7.0	44	9.7	9.9	98
Boden	8	+ 3.6	+ 6.5	29	7.4	8.9	83

$\varphi = 10—15^0$ N, $\lambda = 25—30^0$ W

km	n	E	N	𝔇	𝔳	v	𝔮
18—19	1	— 9.5	— 12.2	218	15.5	15.5	
17—18	1	— 5.7	— 8.2	215	10.0	10.0	
16—17	2	— 14.2	— 0.5	268	14.2	14.3	
15—16	2	— 14.9	+ 5.4	290	15.9	16.5	
14—15	2	— 18.3	— 0.6	268	18.3	20.5	
13—14	2	— 20.1	— 0.7	268	20.1	22.8	
12—13	2	— 10.0	— 0.1	269	10.0	21.5	
11—12	3	— 13.5	— 1.7	263	13.6	16.5	
10—11	3	— 8.9	— 5.7	237	10.6	15.8	
9—10	5	— 10.9	— 7.3	236	13.1	17.1	77
8—9	7	— 9.8	— 4.8	244	10.9	13.3	82
7—8	10	— 8.6	— 3.3	249	9.2	11.1	83
6—7	19	— 1.9	— 1.9	225	2.7	7.8	35
5—6	26	+ 0.3	— 0.4	143	0.5	6.8	7
4—5	38	+ 0.8	— 1.0	141	1.3	5.9	22
3—4	55	+ 2.2	— 1.9	131	2.9	6.7	43
2.5—3	68	+ 2.7	— 1.9	125	3.3	6.5	51
2—2.5	73	+ 3.2	— 1.1	109	3.4	6.9	49
1.5—2	82	+ 3.6	+ 0.2	87	3.6	6.9	52
1—1.5	98	+ 5.4	+ 1.8	72	5.7	6.9	83
0.5—1	106	+ 5.5	+ 2.9	62	6.2	7.3	85
0—0.5	111	+ 4.7	+ 5.0	43	6.9	7.6	91
Boden	90	+ 3.8	+ 4.4	40	5.8	6.3	92

$\varphi = 10—15^0$ N, $\lambda = 20—25^0$ W

km	n	E	N	𝔇	𝔳	v	𝔮
14—15	2	— 20.4	— 0.4	269	20.4	22.0	
13—14	3	— 19.0	— 0.1	270	19.0	20.5	
12—13	3	— 16.2	+ 2.6	279	16.4	17.8	
11—12	4	— 22.6	— 2.2	264	22.7	24.0	
10—11	6	— 20.8	— 0.5	268	20.8	24.4	85
9—10	8	— 16.8	— 1.0	267	16.8	18.2	92
8—9	12	— 15.7	— 2.1	262	15.8	17.2	92
7—8	16	— 11.8	— 3.2	255	12.2	15.4	79
6—7	18	— 7.2	— 1.9	255	7.5	11.4	66
5—6	23	— 5.1	— 1.0	259	5.2	7.7	68
4—5	26	— 2.1	— 1.8	230	2.8	7.3	38
3—4	30	+ 0.4	— 2.3	170	2.3	6.7	34
2.5—3	34	+ 2.4	— 1.4	120	2.8	6.8	41
2—2.5	39	+ 2.4	— 1.1	114	2.6	6.1	43
1.5—2	48	+ 4.1	— 0.6	98	4.1	6.5	63
1—1.5	57	+ 5.4	+ 0.7	83	5.4	7.1	76
0.5—1	65	+ 5.4	+ 2.9	62	6.1	7.3	84
0—0.5	66	+ 4.2	+ 5.2	39	6.7	7.2	93
Boden	61	+ 3.1	+ 4.7	33	5.6	6.2	90

$\varphi = 10—15^0$ N, $\lambda = 15—20^0$ W

km	n	E	N	𝔇	𝔳	v	𝔮
25—26	1	— 12.8	— 0.2	269	12.8	12.8	
24—25	1	— 7.6	+ 9.3	321	12.0	12.0	
23—24	1	— 3.1	+ 3.9	321	5.0	5.0	
22—23	4	+ 11.2	— 0.1	91	11.2	12.6	
21—22	9	— 5.8	+ 0.2	272	5.8	17.4	33
20—21	23	— 1.0	— 0.4	248	1.1	10.1	11
19—20	34	— 4.6	— 1.0	258	4.7	11.6	41
18—19	44	— 4.5	— 1.6	250	4.8	11.2	43
17—18	63	— 6.7	— 1.7	256	6.9	11.1	62
16—17	71	— 10.9	— 1.7	261	11.0	13.5	81
15—16	88	— 14.c	— 2.9	258	14.3	16.8	85
14—15	106	— 14.8	— 2.1	262	14.9	17.7	84
13—14	127	— 16.2	— 0.5	268	16.2	18.2	89
12—13	152	— 16.3	— 1.2	266	16.3	18.2	90

km	n	E	N	$\mathfrak{D}$	$\mathfrak{v}$	v	q
11—12	186	— 16.4	— 1.5	265	16.5	18.4	90
10—11	228	— 16.7	— 1.6	265	16.8	18.2	92
9—10	266	— 14.9	— 2.3	261	15.1	16.7	90
8—9	305	— 12.1	— 2.3	259	12.3	14.6	84
7—8	368	— 9.6	— 2.4	256	9.9	12.2	81
6—7	421	— 6.1	— 1.8	254	6.3	9.2	68
5—6	477	— 2.9	— 1.3	246	3.2	7.5	43
4—5	543	— 0.6	— 0.9	214	1.1	6.2	18
3—4	647	+ 1.2	— 1.0	129	1.6	5.9	29
2.5—3	717	+ 2.3	— 0.5	103	2.4	5.9	41
2—2.5	748	+ 2.5	+ 0.2	85	2.5	5.7	44
1.5—2	777	+ 2.9	+ 0.7	76	3.0	5.6	54
1—1.5	794	+ 3.5	+ 1.8	63	3.9	5.6	70
0.5—1	801	+ 4.1	+ 2.9	55	5.0	6.4	78
0—0.5	803	+ 2.0	+ 3.2	32	3.8	6.1	62
Boden	116	+ 1.4	+ 4.4	17	4.6	5.8	79

$\varphi = 5—10^0$ N, $\lambda = 50—55^0$ W

km	n	E	N	$\mathfrak{D}$	$\mathfrak{v}$	v	q
17—18	1	+ 14.9	+ 1.8	83	15.0	15.0	
16—17	1	+ 4.2	+ 8.9	25	9.8	9.8	
15—16	1	— 21.4	— 7.8	250	22.8	22.8	
14—15	3	— 19.1	— 7.6	248	20.6	21.3	
13—14	4	— 17.7	— 4.7	255	18.3	18.8	
12—13	4	— 17.2	— 3.3	259	17.5	18.0	
11—12	5	— 14.8	— 6.7	246	16.3	17.0	96
10—11	6	— 7.8	— 5.7	234	9.7	11.2	87
9—10	6	— 3.0	— 4.4	214	5.3	6.6	80
8—9	6	+ 0.1	— 4.8	179	4.8	5.4	89
7—8	6	+ 1.5	— 1.9	142	2.4	3.6	67
6—7	6	+ 1.0	+ 0.6	59	1.2	3.8	32
5—6	6	+ 0.8	+ 0.2	76	0.8	3.5	23
4—5	6	+ 0.1	— 0.9	174	0.9	2.4	37
3—4	6	+ 1.0	— 0.5	116	1.1	3.5	31
2.5—3	8	+ 4.4	— 1.0	103	4.5	5.2	87
2—2.5	8	+ 6.5	— 1.1	100	6.6	6.7	98
1.5—2	8	+ 7.3	— 0.8	96	7.3	7.5	97
1—1.5	8	+ 8.9	+ 0.9	84	8.9	9.0	99
0.5—1	8	+ 9.4	+ 3.8	68	10.1	10.2	99
0—0.5	8	+ 9.5	+ 5.0	62	10.7	10.8	99
Boden	8	+ 8.4	+ 2.8	72	8.9	9.1	98

$\varphi = 5—10^0$ N, $\lambda = 45—50^0$ W

km	n	E	N	$\mathfrak{D}$	$\mathfrak{v}$	v	q
20—21	1	+ 2.9	— 0.7	104	3.0	3.0	
19—20	1	+ 5.5	— 4.5	130	7.1	7.1	
18—19	1	+ 3.0	— 4.3	146	5.2	5.2	
17—18	1	+ 2.0	+ 4.9	22	5.3	5.3	
16—17	1	— 13.4	+ 5.9	294	14.6	14.6	
15—16	1	— 21.8	+ 6.2	286	22.7	22.7	
14—15	2	— 22.4	+ 4.5	281	22.9	23.0	
13—14	2	— 21.6	+ 1.9	275	21.7	21.8	
12—13	3	— 12.0	— 4.0	251	12.7	14.5	
11—12	3	— 4.8	— 6.6	216	8.2	9.3	
10—11	3	— 2.6	— 7.7	198	8.1	8.6	
9—10	3	— 0.8	+ 0.5	302	0.9	5.5	
8—9	3	— 2.5	+ 7.0	340	7.4	7.9	
7—8	3	— 1.4	+ 6.8	348	6.9	7.4	
6—7	3	+ 1.6	+ 0.2	83	1.6	2.4	
5—6	3	+ 2.1	— 1.3	122	2.5	3.5	
4—5	4	0.0	— 2.4	180	2.4	2.9	
3—4	4	+ 1.8	— 1.7	133	2.5	3.1	
2.5—3	4	+ 2.6	— 0.4	99	2.6	3.6	
2—2.5	5	+ 4.8	— 0.5	96	4.8	5.1	94
1.5—2	5	+ 5.7	+ 0.3	87	5.7	6.1	93
1—1.5	5	+ 5.9	+ 3.3	61	6.6	6.8	97
0.5—1	5	+ 5.6	+ 4.4	52	7.1	7.3	97
0—0.5	5	+ 4.7	+ 5.7	39	7.4	7.5	99
Boden	5	+ 4.4	+ 6.9	32	8.2	8.3	99

$\varphi = 5—10^0$ N, $\lambda = 40—45^0$ W

km	n	E	N	$\mathfrak{D}$	$\mathfrak{v}$	v	q
20—21	1	+ 5.6	— 2.0	110	5.9	5.9	
19—20	2	+ 5.2	+ 0.9	80	5.3	5.3	
18—19	3	+ 1.8	+ 2.7	34	3.2	4.6	
17—18	5	— 1.2	+ 2.6	335	2.9	4.3	68
16—17	5	— 6.1	+ 2.3	291	6.5	7.5	87
15—16	5	— 6.5	+ 2.3	290	6.9	7.6	91
14—15	5	— 1.9	+ 4.3	337	4.7	6.3	75
13—14	5	+ 1.8	+ 8.1	12	8.3	9.0	92
12—13	5	+ 2.9	+ 8.9	18	9.4	9.9	95
11—12	5	+ 3.0	+ 8.3	20	8.8	9.5	93
10—11	5	+ 5.3	+ 6.8	37	8.6	9.1	95
9—10	5	+ 5.9	+ 2.1	70	6.3	7.0	90
8—9	5	+ 7.9	+ 1.6	78	8.1	8.8	92
7—8	5	+ 11.3	+ 0.1	89	11.3	11.7	97
6—7	5	+ 10.6	— 4.4	113	11.5	11.7	98
5—6	7	+ 8.0	— 1.4	100	8.1	8.3	98
4—5	7	+ 7.2	+ 1.5	78	7.4	7.7	96
3—4	7	+ 7.6	+ 2.9	69	8.2	8.3	99
2.5—3	7	+ 5.5	+ 1.7	73	5.8	5.8	100
2—2.5	7	+ 2.8	— 0.1	92	2.8	3.0	93
1.5—2	7	+ 1.1	— 0.9	129	1.4	1.9	74
1—1.5	7	+ 0.2	— 0.4	153	0.5	1.7	29
0.5—1	7	+ 2.5	+ 2.5	45	3.5	3.6	97
0—0.5	7	+ 3.3	+ 4.8	34	5.8	5.9	98
Boden	7	+ 4.5	+ 3.8	50	5.9	6.0	98

$\varphi = 5—10^0$ N, $\lambda = 35—40^0$ W

km	n	E	N	$\mathfrak{D}$	$\mathfrak{v}$	v	q
19—20		— 5	+ 3	301	6		
18—19	2	— 13.1	+ 6.9	298	14.8	15.5	
17—18	2	— 7.9	+ 3.8	296	8.8	13.1	
16—17	3	— 9.2	+ 6.9	307	11.5	11.6	
15—16	3	— 10.8	+ 7.1	304	12.9	13.3	
14—15	3	— 7.8	+ 4.7	301	9.1	9.3	
13—14	3	— 6.6	+ 6.3	314	9.1	9.3	
12—13	3	— 8.1	+ 6.4	308	10.3	10.5	
11—12	3	— 7.5	+ 7.1	314	10.3	10.7	
10—11	3	— 6.2	+ 7.6	321	9.8	9.9	

km	n	E	N	$\mathfrak{D}$	$\mathfrak{v}$	v	q
9—10	4	— 8.4	+ 6.0	306	10.3	10.7	
8—9	4	— 6.7	+ 2.4	290	7.1	7.6	
7—8	4	— 2.8	— 1.3	245	3.1	4.9	
6—7	4	— 0.1	— 0.9	186	0.9	2.7	
5—6	4	+ 1.5	— 2.3	147	2.8	3.1	
4—5	5	+ 4.2	— 1.7	112	4.5	4.5	100
3—4	5	+ 3.0	— 0.5	99	3.0	3.0	100
2.5—3	5	— 1.1	— 1.7	213	2.0	2.8	71
2—2.5	6	— 0.3	— 4.4	184	4.4	6.5	68
1.5—2	8	+ 2.2	— 4.9	156	5.4	8.3	65
1—1.5	9	+ 3.1	— 2.1	124	3.7	5.6	66
0.5—1	9	+ 4.8	+ 2.2	65	5.3	5.6	95
0—0.5	9	+ 5.2	+ 5.2	45	7.3	7.8	94
Boden	9	+ 5.0	+ 4.5	48	6.7	6.8	99
φ = 5—10° N, λ = 30—35° W							
15—16		— 5	— 5	225	7		
14—15		— 16	0.0	270	16		
13—14		— 22	+ 10	294	24		
12—13	1	— 25.2	+ 12.2	296	28.0	28.0	
11—12	2	— 19.0	+ 1.0	273	19.0	19.3	
10—11	2	— 19.0	— 5.4	254	19.8	20.0	
9—10	2	— 16.1	— 6.4	248	17.3	17.9	
8—9	2	— 15.7	— 3.8	256	16.1	16.4	
7—8	2	— 13.6	+ 2.5	281	13.8	14.4	
6—7	2	— 12.9	— 2.2	260	13.1	13.1	
5—6	2	— 7.8	— 4.2	241	8.9	9.9	
4—5	2	— 0.4	— 2.9	188	2.9	3.3	
3—4	4	+ 7.8	+ 4.5	60	9.0	9.6	
2.5—3	7	+ 8.7	+ 2.7	72	9.1	9.8	93
2—2.5	8	+ 8.2	— 0.6	94	8.2	8.6	95
1.5—2	8	+ 8.5	— 0.8	96	8.5	9.3	92
1—1.5	8	+ 9.3	— 1.4	98	9.4	11.2	84
0.5—1	9	+ 8.3	— 0.9	96	8.3	10.4	80
0—0.5	9	+ 7.3	+ 0.4	87	7.3	7.7	95
Boden	9	+ 5.2	+ 1.7	63	5.8	7.9	73
φ = 5—10° N, λ = 25—30° W							
20—21	1	— 10.4	+ 27.1	339	29.0	29.0	
19—20	1	— 3.4	+ 12.6	345	13.0	13.0	
18—19	1	— 0.7	+ 10.0	356	10.0	10.0	
17—18	1	+ 6.3	+ 3.7	60	7.3	7.3	
16—17	3	— 3.0	— 0.6	259	3.1	12.9	
15—16	3	— 5.7	+ 0.6	276	5.7	10.1	
14—15	5	— 6.3	+ 0.1	271	6.3	10.4	61
13—14	5	— 2.5	— 2.0	231	3.2	5.6	57
12—13	6	+ 3.3	— 1.0	107	3.4	7.0	49
11—12	8	+ 3.0	— 4.3	145	5.3	9.8	54
10—11	12	+ 1.0	— 5.4	169	5.5	9.8	56
9—10	15	— 4.6	— 3.2	235	5.6	12.4	45
8—9	19	— 4.6	— 2.4	242	5.2	9.0	58
7—8	25	— 4.0	— 1.5	249	4.3	8.7	49
6—7	33	— 3.5	— 1.3	250	3.7	7.5	49

km	n	E	N	$\mathfrak{D}$	$\mathfrak{v}$	v	q
5—6	43	— 0.3	— 0.9	198	0.9	6.3	14
4—5	55	+ 2.2	+ 0.6	75	2.3	5.9	39
3—4	78	+ 4.3	— 0.9	102	4.4	6.4	69
2.5—3	95	+ 5.7	— 0.6	96	5.7	7.0	81
2—2.5	110	+ 6.8	— 0.5	94	6.8	7.6	89
1.5—2	129	+ 6.7	+ 0.2	88	6.7	7.5	89
1—1.5	142	+ 6.4	+ 0.6	85	6.4	7.1	90
0.5—1	159	+ 5.6	+ 2.1	69	6.0	6.5	92
0—0.5	163	+ 4.2	+ 3.9	47	5.7	6.7	85
Boden	143	+ 3.3	+ 3.6	42	4.9	5.5	89
φ = 5—10° N, λ = 20—25° W							
16—17	1	— 5.0	— 8.7	210	10.0	10.0	
15—16	2	+ 0.2	— 3.2	176	3.2	4.8	
14—15	2	— 2.0	— 2.2	222	3.0	3.1	
13—14	3	— 5.2	— 3.5	236	6.3	7.2	
12—13	4	— 2.0	— 2.1	224	2.9	6.9	
11—12	7	— 6.7	— 1.3	259	6.8	12.1	56
10—11	10	— 2.7	— 1.9	235	3.3	9.2	36
9—10	11	— 1.8	— 1.1	239	2.1	8.3	25
8—9	13	— 3.0	— 0.6	259	3.1	8.3	37
7—8	15	— 1.5	+ 0.6	292	1.6	6.4	25
6—7	18	+ 0.4	+ 0.1	76	0.4	5.8	7
5—6	20	+ 3.8	— 0.5	97	3.8	6.0	63
4—5	29	+ 4.9	+ 1.0	78	5.0	6.2	81
3—4	37	+ 6.1	— 0.7	97	6.1	7.6	80
2.5—3	45	+ 7.5	— 0.1	91	7.5	8.9	84
2—2.5	48	+ 5.1	+ 0.1	89	5.1	8.6	59
1.5—2	56	+ 4.2	+ 0.2	87	4.2	7.3	58
1—1.5	60	+ 3.1	+ 0.4	83	3.1	5.9	53
0.5—1	68	+ 1.9	+ 1.7	48	2.6	5.5	47
0—0.5	71	+ 0.8	+ 3.7	12	3.8	5.2	73
Boden	69	+ 0.8	+ 3.9	12	4.0	5.1	78
φ = 5—10° N, λ = 15—20° W							
6—7	2	+ 6.5	— 2.5	111	7.0	10.6	
5—6	2	+ 5.0	+ 0.4	86	5.0	8.0	
4—5	4	+ 3.9	— 1.0	105	4.0	5.5	
3—4	6	+ 6.6	— 2.4	110	7.0	7.3	96
2.5—3	7	+ 7.5	— 0.4	93	7.5	8.0	94
2—2.5	8	+ 7.5	+ 0.1	89	7.5	8.3	90
1.5—2	10	+ 5.8	+ 1.1	79	5.9	6.7	88
1—1.5	10	+ 2.8	+ 1.3	65	3.1	4.1	76
0.5—1	11	+ 1.4	+ 0.6	67	1.5	3.3	45
0—0.5	13	— 0.4	+ 2.3	350	2.3	2.8	82
Boden	7	+ 0.2	+ 2.0	5	2.0	2.8	71
φ = 5—10° N, λ = 10—15° W							
18—19		0	— 1	180	1		
17—18	1	+ 1.6	+ 6.8	13	7.0	7.0	
16—17	1	+ 2.5	+ 3.1	39	4.0	4.0	
15—16	4	— 9.1	+ 3.2	289	9.7	12.8	
14—15	4	— 11.3	+ 4.6	292	12.2	15.8	

km	n	E	N	𝔇	𝔳	v	𝔮
13—14	4	— 12.2	+ 4.0	288	12.8	15.1	
12—13	5	— 10.9	+ 1.7	279	11.0	14.2	78
11—12	5	— 4.7	— 0.7	262	4.8	8.6	56
10—11	6	— 2.5	+ 0.7	286	2.6	5.2	50
9—10	6	+ 0.9	+ 0.9	45	1.3	4.9	27
8—9	7	+ 2.9	— 0.2	94	2.9	4.6	63
7—8	6	+ 2.4	— 1.5	122	2.8	5.6	50
6—7	9	+ 5.5	+ 0.2	88	5.5	6.8	81
5—6	11	+ 7.9	— 0.6	94	7.9	8.4	94
4—5	12	+ 8.5	— 0.5	94	8.5	9.2	92
3—4	13	+ 9.4	+ 0.8	85	9.4	10.0	94
2.5—3	15	+ 9.6	+ 1.9	79	9.8	10.5	93
2—2.5	15	+ 7.8	+ 2.5	72	8.2	8.7	94
1.5—2	15	+ 4.9	+ 1.6	72	5.1	6.0	85
1—1.5	15	+ 1.9	— 0.6	108	2.0	3.6	56
0.5—1	15	— 0.5	— 1.6	197	1.7	4.2	41
0—0.5	15	— 2.8	— 0.7	256	2.9	4.3	67
Boden	15	— 2.3	— 0.5	258	2.3	3.6	64

φ = 0—5° N, λ = 50—55° W

km	n	E	N	𝔇	𝔳	v	𝔮
3—4	1	+ 6.6	+ 7.8	40	10.2	10.2	
2.5—3	1	+ 6.2	+ 7.6	39	9.8	9.8	
2—2.5	1	+ 5.6	+ 7.4	37	9.3	9.3	
1.5—2	1	+ 5.7	+ 7.0	39	9.0	9.0	
1—1.5	1	+ 4.9	+ 6.5	37	8.1	8.1	
0.5—1	1	+ 4.3	+ 6.1	35	7.4	7.4	
0—0.5	1	+ 4.3	+ 4.6	43	6.3	6.3	
Boden							

φ = 0—5° N, λ = 45—50° W

km	n	E	N	𝔇	𝔳	v	𝔮
19—20		0	+ 6	360	6		
18—19	1	— 6.2	+ 10.2	329	11.9	11.9	
17—18	1	— 2.3	+ 10.7	348	11.0	11.0	
16—17	1	+ 0.4	+ 9.4	2	9.4	9.4	
15—16	1	— 5.9	+ 1.0	280	6.0	6.0	
14—15	1	— 4.4	— 5.3	220	6.9	6.9	
13—14	1	+ 6.0	— 5.2	131	8.0	8.0	
12—13	1	+ 12.8	— 4.1	108	13.4	13.4	
11—12	1	+ 12.5	— 4.8	111	13.4	13.4	
10—11	1	+ 14.2	— 5.4	111	15.2	15.2	
9—10	1	+ 15.4	+ 1.1	86	15.4	15.4	
8—9	1	+ 15.2	0.0	90	15.2	15.2	
7—8	1	+ 11.2	+ 1.0	85	11.2	11.2	
6—7	2	+ 10.0	— 0.2	91	10.0	10.0	
5—6	3	+ 7.2	— 0.1	91	7.2	7.6	
4—5	4	+ 6.3	+ 0.6	84	6.3	6.5	
3—4	4	+ 6.6	+ 0.4	86	6.6	6.8	
2.5—3	4	+ 4.9	— 0.7	98	4.9	5.1	
2—2.5	4	+ 5.7	— 0.7	97	5.7	5.9	
1.5—2	4	+ 6.9	— 0.5	94	6.9	7.2	
1—1.5	5	+ 4.3	— 1.5	110	4.5	6.9	65
0.5—1	5	+ 5.2	— 1.2	103	5.3	8.3	64
0—0.5	5	+ 3.8	— 0.2	93	3.8	7.9	48
Boden	5	+ 5.5	— 1.3	93	5.5	7.5	73

φ = 0—5° N, λ = 30—35° W

km	n	E	N	𝔇	𝔳	v	𝔮
20—21	1	— 11.0	+ 1.2	276	11.0	11.0	
19—20	1	— 14.0	+ 3.5	284	14.4	14.4	
18—19	1	— 3.2	— 0.5	262	3.2	3.2	
17—18	1	— 5.3	— 2.2	247	5.7	5.7	
16—17	1	— 21.0	+ 15.8	307	26.3	26.3	
15—16	1	— 20.6	+ 5.1	284	21.2	21.2	
14—15	1	— 22.0	+ 5.1	283	22.6	22.6	
13—14	1	— 20.0	+ 6.1	287	20.9	20.9	
12—13	1	— 21.6	+ 2.6	276	21.7	21.7	
11—12	3	— 12.2	+ 2.6	282	12.5	20.0	
10—11	3	— 9.8	+ 2.6	285	10.1	15.3	
9—10	6	— 7.4	+ 2.3	287	7.7	12.2	63
8—9	11	— 1.2	— 0.8	237	1.4	8.5	16
7—8	13	— 1.5	0.0	270	1.5	8.5	18
6—7	13	+ 0.1	— 0.5	169	0.5	7.7	6
5—6	23	+ 2.8	+ 0.3	84	2.8	5.4	52
4—5	26	+ 4.8	+ 0.4	85	4.8	6.4	75
3—4	34	+ 6.8	— 0.3	92	6.8	7.5	91
2.5—3	41	+ 7.0	+ 0.2	88	7.0	7.7	91
2—2.5	45	+ 7.0	+ 0.4	87	7.0	7.6	92
1.5—2	55	+ 6.9	+ 0.2	88	6.9	7.8	88
1—1.5	65	+ 5.9	— 0.2	92	5.9	6.7	88
0.5—1	65	+ 5.0	— 0.4	95	5.0	6.2	81
0—0.5	66	+ 4.0	— 0.2	93	4.0	5.8	69
Boden	51	+ 2.8	— 0.8	106	2.9	4.4	66

φ = 0—5° N, λ = 25—30° W

km	n	E	N	𝔇	𝔳	v	𝔮
20—21	1	+ 27.5	— 10.4	111	29.0	29.0	
19—20	1	+ 12.6	— 3.4	105	13.0	13.0	
18—19	1	+ 10.0	— 0.7	94	10.0	10.0	
17—18	1	+ 3.7	+ 6.3	30	7.3	7.3	
16—17	2	— 18.4	+ 2.5	278	18.6	19.8	
15—16	3	— 14.0	— 1.5	264	14.1	15.3	
14—15	3	— 11.7	+ 0.3	271	11.7	14.4	
13—14	4	— 8.3	+ 1.2	278	8.4	10.0	
12—13	4	— 1.4	+ 1.1	307	1.8	9.4	
11—12	6	— 0.4	— 1.8	194	1.8	7.3	25
10—11	6	+ 0.9	— 3.2	164	3.3	8.1	41
9—10	8	— 0.9	— 0.8	228	1.2	6.8	18
8—9	14	+ 0.8	— 0.6	127	1.0	6.0	17
7—8	18	+ 1.4	— 0.7	117	1.6	5.9	27
6—7	26	+ 1.0	— 0.5	116	1.1	6.4	17
5—6	33	+ 3.0	— 0.1	92	3.0	6.4	47
4—5	45	+ 4.0	— 0.1	91	4.0	5.7	70
3—4	66	+ 6.2	0.0	90	6.2	6.9	90
2.5—3	83	+ 6.6	— 0.3	93	6.6	7.3	90
2—2.5	90	+ 6.6	+ 0.2	88	6.6	7.3	90
1.5—2	101	+ 6.5	0.0	90	6.5	7.1	92
1—1.5	111	+ 5.6	— 0.8	98	5.7	6.4	89
0.5—1	119	+ 4.5	— 0.4	95	4.5	6.0	75
0—0.5	120	+ 3.6	+ 0.5	82	3.6	6.3	57
Boden	112	+ 3.1	+ 0.2	86	3.1	4.2	74

km	n	E	N	$\mathfrak{D}$	$\mathfrak{v}$	v	q
φ = 0—5° N, λ = 20—25° W							
17—18	1	— 14.0	— 15.0	223	20.5	20.5	
16—17	1	— 12.2	— 16.8	216	20.8	20.8	
15—16	1	— 10.7	— 7.5	235	13.1	13.1	
14—15	1	— 6.6	— 1.8	255	6.8	6.8	
13—14	1	— 5.2	0.0	270	5.2	5.2	
12—13	1	— 4.9	— 1.9	249	5.2	5.2	
11—12	2	— 1.0	+ 0.9	312	1.3	3.6	
10—11	3	+ 7.5	— 3.3	114	8.2	8.5	
9—10	3	+ 1.5	— 2.7	151	3.1	4.6	
8—9	3	+ 2.4	— 0.6	104	2.5	3.0	
7—8	3	+ 3.9	+ 0.7	80	4.0	5.0	
6—7	4	+ 4.3	+ 2.1	64	4.8	5.5	
5—6	5	+ 4.2	0.0	90	4.2	4.6	91
4—5	7	+ 5.0	— 0.5	96	5.0	5.3	94
3—4	9	+ 8.5	+ 0.9	84	8.5	9.0	94
2.5—3	10	+ 8.6	+ 0.6	86	8.6	9.2	93
2—2.5	11	+ 7.9	+ 0.7	85	7.9	8.8	90
1.5—2	12	+ 5.2	+ 0.5	84	5.2	5.8	90
1—1.5	12	+ 3.6	— 0.8	103	3.7	4.6	80
0.5—1	12	+ 1.7	+ 0.6	71	1.8	3.9	46
0—0.5	12	+ 1.4	+ 2.5	29	2.9	4.5	64
Boden	9	+ 0.8	+ 3.7	12	3.8	3.9	98
φ = 0—5° N, λ = 15—20° W							
2—2.5	1	+ 5.1	+ 3.2	58	6.0	6.0	
1.5—2	1	+ 5.3	+ 2.9	61	6.1	6.1	
1—1.5	1	+ 4.7	+ 1.6	72	4.9	4.9	
0.5—1	1	+ 3.7	— 1.6	113	4.0	4.0	
0—0.5	1	+ 3.2	— 3.8	140	5.0	5.0	
Boden							
φ = 0—5° N, λ = 10—15° W							
3—4	1	+ 12.4	— 1.7	98	12.5	12.5	
2.5—3	1	+ 9.9	+ 2.6	75	10.2	10.2	
2—2.5	2	+ 10.5	+ 2.1	79	10.7	10.8	
1.5—2	3	+ 8.4	+ 1.1	83	8.5	8.5	
1—1.5	3	+ 4.6	+ 0.2	88	4.6	4.8	
0.5—1	5	+ 2.6	— 1.0	111	2.8	3.2	88
0—0.5	5	+ 0.3	— 1.7	170	1.7	3.5	49
Boden							
φ = 0—5° N, λ = 5—10° W							
18—19		0.0	+ 1	360	1		
17—18	1	— 4.0	+ 2.9	306	4.9	4.9	
16—17	1	— 2.6	— 7.5	199	8.0	8.0	
15—16	1	— 1.7	— 2.0	220	2.6	2.6	
14—15	1	— 8.4	+ 0.3	272	8.4	8.4	
13—14	2	— 6.1	— 2.5	248	6.6	6.9	
12—13	2	— 2.1	— 2.5	220	3.3	5.4	
11—12	3	+ 3.6	+ 0.3	85	3.6	6.3	
10—11	3	+ 5.7	— 0.7	97	5.7	6.7	
9—10	7	+ 4.3	— 1.3	107	4.5	9.6	47
8—9	6	+ 5.6	— 0.5	96	5.6	8.1	69
7—8	6	+ 4.6	— 0.3	94	4.6	5.7	81
6—7	7	+ 1.7	0.0	90	1.7	4.2	41
5—6	7	+ 0.5	+ 1.5	18	1.6	3.7	43
4—5	8	+ 3.3	+ 4.1	38	5.2	6.0	87
3—4	9	+ 6.4	+ 2.2	71	6.8	7.5	91
2.5—3	10	+ 7.8	+ 1.3	80	7.9	8.4	94
2—2.5	11	+ 8.6	+ 2.4	74	8.9	9.2	97
1.5—2	12	+ 7.0	+ 3.0	67	7.6	7.9	96
1—1.5	13	+ 4.5	— 0.8	100	4.6	5.7	81
0.5—1	13	+ 2.9	— 3.7	143	4.7	5.0	94
0—0.5	13	+ 1.7	— 6.0	164	6.3	6.5	97
Boden	13	+ 1.6	— 5.9	165	6.2	6.3	98
φ = 0—5° N, λ = 0—5° W							
18—19	2	— 0.1	— 7.9	181	7.9	12.2	
17—18	2	+ 0.8	— 8.2	175	8.2	8.3	
16—17	3	— 4.7	— 2.7	240	5.4	7.5	
15—16	4	— 13.3	— 0.4	268	13.3	13.9	
14—15	4	— 9.5	+ 2.8	287	9.9	10.8	
13—14	5	— 5.6	— 2.3	247	6.1	8.0	76
12—13	5	+ 4.0	— 5.0	141	6.4	7.7	83
11—12	5	+ 1.3	— 6.2	168	6.3	7.5	84
10—11	6	+ 3.2	— 6.1	153	6.9	8.0	86
9—10	6	+ 3.3	— 2.7	129	4.3	6.4	67
8—9	6	+ 2.4	— 1.2	117	2.7	6.9	39
7—8	7	+ 4.9	+ 1.1	77	5.0	6.4	78
6—7	8	+ 5.5	+ 1.9	71	5.8	6.5	89
5—6	11	+ 5.1	+ 0.9	80	5.1	6.8	75
4—5	13	+ 5.4	+ 0.9	80	5.5	6.5	85
3—4	15	+ 6.6	+ 1.3	78	6.7	7.2	93
2.5—3	16	+ 7.8	+ 2.6	71	8.2	8.8	93
2—2.5	17	+ 7.5	+ 3.9	62	8.5	8.9	96
1.5—2	17	+ 6.0	+ 3.3	61	6.9	7.7	90
1—1.5	18	+ 4.2	+ 0.6	82	4.2	5.3	79
0.5—1	18	+ 2.0	— 3.3	149	3.9	4.7	83
0—0.5	20	+ 0.1	— 6.1	179	6.1	6.6	92
Boden	20	+ 0.1	— 6.1	179	6.1	6.6	92
φ = 0—5° N, λ = 0—5° E							
19—20	1	— 2.3	— 1.8	232	2.9	2.9	
18—19	1	+ 1.4	— 0.8	120	1.6	1.6	
17—18	1	+ 2.8	— 1.5	118	3.2	3.2	
16—17	1	— 0.3	— 11.0	181	11.0	11.0	
15—16	1	— 9.6	— 18.6	207	21.0	21.0	
14—15	1	— 6.8	— 18.0	201	19.3	19.3	
13—14	1	— 1.1	— 11.3	186	11.4	11.4	
12—13	1	+ 1.1	— 10.4	174	10.5	10.5	
11—12	1	+ 4.7	— 9.3	153	10.4	10.4	
10—11	1	+ 4.6	— 9.1	153	10.2	10.2	
9—10	2	+ 5.6	— 4.7	130	7.3	7.9	

km	n	E	N	𝔇	𝔳	v	𝔮
8—9	2	+ 5.9	— 4.6	128	7.5	7.7	
7—8	3	+ 3.7	— 0.8	102	3.8	7.4	
6—7	3	+ 5.3	+ 0.4	85	5.3	6.4	
5—6	3	+ 6.6	+ 1.3	79	6.7	6.8	
4—5	3	+ 6.8	— 0.3	93	6.8	6.9	
3—4	4	+ 10.8	+ 1.2	83	10.9	10.9	
2.5—3	4	+ 12.4	+ 1.3	84	12.5	12.5	
2—2.5	5	+ 9.1	+ 1.6	80	9.2	9.4	98
1.5—2	7	+ 5.9	+ 1.5	76	6.1	6.2	98
1—1.5	8	+ 4.4	+ 1.0	77	4.5	4.7	96
0.5—1	8	+ 2.6	— 1.1	112	2.8	3.0	93
0—0.5	8	+ 1.5	— 4.2	161	4.5	4.9	92
Boden	8	+ 1.2	— 5.0	167	5.1	5.2	98

km	n	E	N	𝔇	𝔳	v	𝔮
$\varphi = 0—5^0$ N, $\lambda = 5—10^0$ W							
6—7	1	+ 15.8	+ 1.8	84	16.0	16.0	
5—6	2	+ 7.0	— 0.3	93	7.0	7.1	
4—5	2	+ 5.8	+ 0.4	86	5.8	6.2	
3—4	4	+ 10.1	+ 1.4	82	10.2	10.2	
2.5—3	6	+ 10.9	+ 4.1	69	11.6	11.7	99
2—2.5	6	+ 9.3	+ 3.8	68	10.1	10.3	98
1.5—2	6	+ 5.3	+ 2.9	61	6.1	6.1	100
1—1.5	6	+ 2.2	+ 2.3	44	3.2	3.6	89
0.5—1	6	— 1.1	+ 0.2	280	1.1	2.4	46
0—0.5	6	— 0.9	— 2.4	201	2.6	3.1	84
Boden	6	— 1.0	— 3.3	196	3.5	4.0	88

Tabelle 4b

Mittlere Windfaktoren für 5⁰-Felder auf Südbreite zwischen Äquator und 30⁰ S (Süd-Sommer)

km	n	E	N	𝔇	𝔳	v	𝔮
$\varphi = 0—5^0$ S, $\lambda = 45—50^0$ W							
1.5—2	1	+ 6.4	+ 2.2	71	6.8	6.8	
1—1.5	3	+ 10.2	+ 3.7	70	10.9	10.9	
0.5—1	3	+ 8.5	+ 2.7	72	8.9	9.0	
0—0.5	3	+ 7.7	+ 2.4	73	8.0	8.1	
Boden							
$\varphi = 0—5^0$ S, $\lambda = 35—40^0$ W							
19—20	2	— 4.5	+ 7.1	328	8.4	12.2	
18—19	3	— 8.8	+ 3.8	294	9.6	11.2	
17—18	5	— 6.1	+ 2.0	289	6.4	8.0	80
16—17	6	— 5.9	— 1.7	254	6.1	7.1	86
15—16	7	— 8.6	— 2.1	256	8.9	12.6	71
14—15	6	— 15.4	+ 0.7	273	15.4	16.9	91
13—14	6	— 14.6	+ 5.6	291	15.6	16.3	96
12—13	6	— 10.2	— 2.2	258	10.5	11.1	95
11—12	6	— 1.8	— 12.3	188	12.4	14.7	84
10—11	8	+ 1.5	— 14.6	174	14.7	16.1	91
9—10	7	+ 3.2	— 7.6	157	8.3	10.8	77
8—9	7	— 2.1	— 0.5	257	2.2	7.2	31
7—8	7	— 6.2	+ 2.3	291	6.6	9.3	71
6—7	8	— 2.8	— 0.8	254	2.9	6.0	48
5—6	10	+ 4.6	— 5.8	142	7.4	8.6	86
4—5	13	+ 5.3	— 1.0	101	5.3	6.4	83
3—4	15	+ 5.1	— 0.8	99	5.1	5.8	88
2.5—3	17	+ 8.1	— 2.2	105	8.4	9.2	91
2—2.5	18	+ 9.2	— 2.2	104	9.5	10.4	91
1.5—2	20	+ 2.9	— 1.7	120	3.4	9.8	35
1—1.5	20	+ 7.1	+ 0.7	84	7.1	7.7	92
0.5—1	20	+ 6.3	— 1.9	107	6.5	8.0	81
0—0.5	21	+ 6.0	+ 3.0	63	6.7	8.8	76
Boden	22	+ 5.2	— 2.1	112	5.6	7.4	76

km	n	E	N	𝔇	𝔳	v	𝔮
$\varphi = 0—5^0$ S, $\lambda = 30—35^0$ W							
20—21	3	+ 2.0	— 0.3	99	2.0	5.5	
19—20	4	+ 2.9	— 1.9	123	3.5	6.0	
18—19	17	— 1.8	+ 0.7	291	1.9	7.2	26
17—18	28	+ 1.8	+ 0.4	77	1.8	5.6	32
16—17	45	— 2.8	— 0.2	266	2.8	8.2	34
15—16	53	— 5.9	+ 0.1	271	5.9	10.9	54
14—15	59	— 10.3	+ 0.7	274	10.3	13.4	77
13—14	68	— 9.2	+ 0.9	276	9.2	13.8	66
12—13	82	— 7.4	— 0.4	267	7.4	12.3	60
11—12	93	— 5.2	— 0.9	260	5.3	10.8	49
10—11	116	— 2.3	— 0.3	262	2.3	9.2	25
9—10	139	— 1.8	— 0.1	267	1.8	8.5	21
8—9	159	— 0.7	+ 0.4	300	0.8	7.7	10
7—8	183	+ 0.3	— 0.3	135	0.4	7.3	5
6—7	209	+ 2.2	0.0	90	2.2	6.4	34
5—6	254	+ 3.6	+ 0.3	85	3.6	6.1	59
4—5	319	+ 4.7	+ 0.5	84	4.7	6.5	72
3—4	389	+ 5.7	+ 0.1	89	5.7	6.7	85
2.5—3	456	+ 6.2	— 0.1	91	6.2	7.4	84
2—2.5	486	+ 6.3	— 0.7	96	6.3	7.1	89
1.5—2	547	+ 6.3	— 0.9	98	6.4	7.1	90
1—1.5	580	+ 6.6	— 1.4	102	6.7	7.4	90
0.5—1	604	+ 6.6	— 2.4	110	7.0	7.5	93
0—0.5	610	+ 5.7	— 2.8	116	6.3	6.9	91
Boden	209	+ 4.2	— 1.9	114	4.6	5.2	88
$\varphi = 0—5^0$ S, $\lambda = 25—30^0$ W							
18—19		+ 10	+ 3	73	10		
17—18	1	+ 9.9	— 1.3	98	10.0	10.0	
16—17	1	+ 4.4	+ 2.0	65	4.8	4.8	
15—16	2	— 8.8	+ 4.8	299	10.0	10.2	

km	n	E	N	𝔇	𝔳	v	q
14—15	3	— 11.1	+ 3.2	286	11.5	13.7	
13—14	4	— 14.8	+ 6.5	294	16.2	16.4	
12—13	4	— 13.6	+ 9.7	306	16.7	17.0	
11—12	4	— 9.6	+ 7.2	307	12.0	12.2	
10—11	4	— 7.4	+ 4.9	304	8.9	9.5	
9—10	4	— 4.5	+ 1.4	288	4.7	5.3	
8—9	4	+ 4.9	+ 1.3	75	5.1	5.3	
7—8	4	+ 7.4	— 0.3	93	7.4	7.9	
6—7	5	— 2.2	— 1.0	246	2.4	10.6	23
5—6	5	— 0.5	— 0.7	216	0.9	3.4	26
4—5	5	+ 3.1	+ 0.9	74	3.2	4.8	67
3—4	7	+ 6.0	+ 1.6	75	6.2	7.0	88
2.5—3	8	+ 7.6	+ 1.0	82	7.6	8.2	92
2—2.5	9	+ 9.0	+ 0.1	89	9.0	9.3	97
1.5—2	10	+ 8.2	— 0.9	96	8.3	8.4	99
1—1.5	11	+ 7.8	+ 0.5	86	7.8	8.1	96
0.5—1	12	+ 6.7	— 0.5	94	6.7	7.0	96
0—0.5	12	+ 5.7	— 1.6	106	5.9	6.4	92
Boden	9	+ 5.6	— 2.9	128	6.3	6.5	97

$\varphi = 0—5^0$ S, $\lambda = 20—25^0$ W

km	n	E	N	𝔇	𝔳	v	q
18—19	1	+ 7.0	+ 7.0	45	9.9	9.9	
17—18	1	+ 13.0	+ 1.2	84	13.0	13.0	
16—17	1	— 3.7	+ 0.4	276	3.7	3.7	
15—16	1	— 16.2	+ 2.0	277	16.3	16.3	
14—15	1	— 10.7	+ 6.0	300	12.3	12.3	
13—14	1	— 4.3	+ 6.0	325	7.4	7.4	
12—13	1	+ 3.1	+ 5.3	30	6.2	6.2	
11—12	1	+ 1.2	+ 2.8	23	3.1	3.1	
10—11	2	+ 7.9	— 1.4	100	8.0	9.0	
9—10	3	+ 10.3	+ 0.5	87	10.3	11.3	
8—9	3	+ 10.1	+ 0.5	87	10.1	10.2	
7—8	3	+ 7.7	— 1.0	97	7.8	8.2	
6—7	3	+ 5.6	— 2.4	113	6.1	6.9	
5—6	3	+ 2.9	— 1.9	123	3.5	5.6	
4—5	5	+ 2.4	— 2.6	137	3.5	4.5	78
3—4	5	+ 5.6	— 1.8	108	5.9	6.1	97
2.5—3	5	+ 7.0	— 1.5	102	7.2	7.3	99
2—2.5	5	+ 5.9	— 0.4	94	5.9	6.6	89
1.5—2	5	+ 4.4	— 1.6	110	4.7	5.4	87
1—1.5	6	+ 4.5	— 2.7	121	5.3	5.6	95
0.5—1	6	+ 5.1	— 2.9	120	5.9	6.3	94
0—0.5	6	+ 4.6	— 2.9	122	5.4	6.4	84
Boden	5	+ 5.4	— 3.9	126	6.7	6.7	100

$\varphi = 0—5^0$ S, $\lambda = 15—20^0$ W

km	n	E	N	𝔇	𝔳	v	q
18—19		0	+ 2	360	2		
17—18		+ 5	— 2	112	5		
16—17		0	0	0	0		
15—16		— 13	+ 2	279	13		
14—15		— 10	+ 7	305	12		
13—14		0	+ 2	360	2		
12—13		+ 10	— 5	117	11		
11—12	1	+ 16.4	— 7.4	115	18.0	18.0	
10—11	3	+ 17.2	— 5.5	108	18.1	18.3	
9—10	3	+ 13.2	— 6.3	116	14.6	14.9	
8—9	3	+ 10.0	— 2.4	104	10.3	10.7	
7—8	3	+ 7.2	+ 1.2	80	7.3	7.3	
6—7	3	+ 3.9	+ 3.7	47	5.4	5.5	
5—6	3	+ 4.5	+ 0.3	86	4.5	5.2	
4—5	4	+ 3.4	+ 1.9	61	3.9	4.3	
3—4	4	+ 3.0	+ 0.2	86	3.0	3.2	
2.5—3	4	+ 7.8	— 1.6	102	8.0	8.1	
2—2.5	4	+ 10.7	— 0.3	92	10.7	10.8	
1.5—2	4	+ 7.1	— 1.9	105	7.4	7.5	
1—1.5	4	+ 4.9	— 2.0	112	5.2	5.4	
0.5—1	4	+ 4.9	— 3.8	128	6.2	6.3	
0—0.5	4	+ 5.3	— 5.7	137	7.8	7.8	
Boden	4	+ 3.7	— 5.4	146	6.5	6.6	

$\varphi = 0—5^0$ S, $\lambda = 10—15^0$ W

km	n	E	N	𝔇	𝔳	v	q
18—19	1	— 3.2	— 2.5	232	4.1	4.1	
17—18	1	+ 1.8	— 5.2	161	5.5	5.5	
16—17	1	+ 7.4	+ 3.5	65	8.2	8.2	
15—16	1	— 8.8	+ 2.5	286	9.2	9.2	
14—15	1	— 12.6	+ 8.0	302	14.9	14.9	
13—14	1	— 8.8	+ 16.3	332	18.5	18.5	
12—13	1	— 3.1	+ 22.4	352	22.6	22.6	
11—12	1	— 4.2	+ 11.2	339	12.0	12.0	
10—11	1	— 4.2	+ 11.2	339	12.0	12.0	
9—10	1	— 4.2	+ 11.2	339	12.0	12.0	
8—9	1	+ 2.1	— 4.7	156	5.2	5.2	
7—8	2	+ 12.5	+ 0.1	90	12.5	12.5	
6—7	3	+ 10.9	+ 0.2	89	10.9	10.9	
5—6	4	+ 5.2	— 3.0	120	6.0	6.1	
4—5	5	+ 3.8	— 4.1	137	5.6	5.8	97
3—4	5	+ 8.0	+ 1.9	77	8.2	8.8	93
2.5—3	5	+ 9.2	+ 6.1	57	11.0	11.6	95
2—2.5	8	+ 8.7	+ 7.1	51	11.2	11.5	98
1.5—2	8	+ 6.7	+ 5.0	53	8.4	8.9	95
1—1.5	9	+ 3.5	— 0.4	97	3.5	4.7	75
0.5—1	9	+ 2.0	— 5.3	159	5.7	5.8	98
0—0.5	9	+ 2.0	— 6.7	163	7.0	7.2	97
Boden	9	+ 3.2	— 4.9	147	5.9	7.0	84

$\varphi = 0—5^0$ S, $\lambda = 5—10^0$ W

km	n	E	N	𝔇	𝔳	v	q
18—19		0	0	0	0		
17—18		— 5	— 2	248	5		
16—17	1	— 19.8	— 2.6	262	20.0	20.0	
15—16	1	— 16.8	+ 1.8	276	16.9	16.9	
14—15	1	— 14.8	+ 8.3	300	17.0	17.0	
13—14	1	— 14.6	+ 14.4	315	20.6	20.6	
12—13	1	— 10.2	+ 8.4	309	13.2	13.2	
11—12	1	— 7.8	+ 9.0	319	11.9	11.9	
10—11	1	— 2.0	+ 6.7	344	7.0	7.0	
9—10	1	+ 3.7	+ 1.4	69	4.0	4.0	

km	n	E	N	𝔇	𝔳	v	𝔮
8—9	1	+ 2.2	+ 1.2	61	2.5	2.5	
7—8	2	+ 14.4	— 6.0	113	15.5	15.5	
6—7	2	+ 12.0	— 5.9	116	13.4	13.5	
5—6	3	+ 11.7	+ 0.5	87	11.7	12.4	
4—5	3	+ 8.3	— 4.8	120	9.6	10.0	
3—4	4	+ 8.5	— 0.4	93	8.5	8.8	
2.5—3	6	+ 11.2	+ 4.7	67	12.2	12.4	98
2—2.5	7	+ 10.0	+ 5.5	61	11.5	11.5	100
1.5—2	8	+ 7.7	+ 3.0	69	8.2	8.9	92
1—1.5	9	+ 4.3	— 0.9	102	4.4	5.7	77
0.5—1	10	+ 3.0	— 4.7	147	5.6	6.4	88
0—0.5	10	+ 1.8	— 5.6	162	5.9	6.8	87
Boden	7	+ 2.0	— 5.7	161	6.0	6.2	97

$\varphi = 0—5^0$ S, $\lambda = 0—5^0$ W

km	n	E	N	𝔇	𝔳	v	𝔮
18—19		+ 3	+ 3	45	4		
17—18		— 5	+ 2	292	5		
16—17		— 15	— 2	262	15		
15—16		— 17	+ 1	273	17		
14—15		— 16	+ 6	291	17		
13—14		— 15	+ 3	281	15		
12—13	1	— 10.5	— 13.4	218	17.0	17.0	
11—12	1	+ 8.5	— 3.0	110	9.0	9.0	
10—11	2	+ 11.3	— 2.1	101	11.5	11.5	
9—10	2	+ 11.3	— 3.1	106	11.7	11.7	
8—9	2	+ 8.5	— 1.2	98	8.6	8.6	
7—8	2	+ 8.9	+ 2.6	73	9.3	9.3	
6—7	2	+ 8.3	+ 2.6	72	8.7	8.7	
5—6	2	+ 6.8	+ 4.1	59	8.0	8.0	
4—5	2	+ 5.3	— 1.7	108	5.5	5.6	
3—4	3	+ 7.8	— 0.6	94	7.8	8.2	
2.5—3	3	+ 9.0	+ 1.3	82	9.1	9.2	
2—2.5	3	+ 8.3	+ 2.7	72	8.7	8.7	
1.5—2	7	+ 6.4	+ 3.4	62	7.2	8.0	90
1—1.5	8	+ 4.1	+ 0.8	79	4.2	4.6	91
0.5—1	8	+ 2.6	— 3.9	146	4.7	4.8	98
0—0.5	8	+ 1.7	— 5.7	163	6.0	6.1	98
Boden	5	+ 3.5	— 4.1	140	5.4	5.6	96

$\varphi = 0—5^0$ S, $\lambda = 0—5^0$ E

km	n	E	N	𝔇	𝔳	v	𝔮
18—19		+ 5	+ 9	29	10		
17—18	1	+ 1.1	+ 5.9	10	6.0	6.0	
16—17	1	+ 0.2	— 2.2	175	2.2	2.2	
15—16	1	— 11.2	+ 1.0	275	11.2	11.2	
14—15	1	— 2.6	+ 5.4	335	6.0	6.0	
13—14	1	+ 18.6	+ 5.2	74	19.3	19.3	
12—13	1	+ 16.0	+ 3.0	79	16.3	16.3	
11—12	2	+ 1.9	+ 0.8	67	2.1	8.7	
10—11	3	— 1.7	— 0.6	251	1.8	6.9	
9—10	4	— 0.9	+ 2.3	339	2.5	4.8	
8—9	4	+ 0.9	+ 1.5	31	1.8	3.2	
7—8	4	+ 1.8	— 2.1	139	2.8	4.1	
6—7	6	+ 3.7	— 0.7	101	3.8	4.5	84
5—6	7	+ 4.1	+ 1.7	67	4.4	4.7	94

km	n	E	N	𝔇	𝔳	v	𝔮
4—5	12	+ 4.7	— 1.7	110	5.0	5.4	93
3—4	14	+ 5.4	+ 0.1	89	5.4	6.0	90
2.5—3	14	+ 6.3	+ 3.2	63	7.1	7.6	93
2—2.5	14	+ 4.7	+ 4.4	46	6.4	6.6	97
1.5—2	15	+ 3.4	+ 3.8	42	5.1	5.4	95
1—1.5	15	+ 1.5	+ 1.4	47	2.1	2.8	75
0.5—1	16	0.0	— 2.5	180	2.5	2.9	86
0—0.5	16	+ 0.4	— 4.5	175	4.5	4.9	94
Boden	16	+ 0.3	— 4.6	176	4.6	5.0	92

$\varphi = 5—10^0$ S, $\lambda = 35—40^0$ W

km	n	E	N	𝔇	𝔳	v	𝔮
20—21	1	— 27.4	+ 6.2	283	28.0	28.0	
19—20	1	— 13.1	+ 10.4	309	16.7	16.7	
18—19	1	— 10.2	+ 16.7	329	19.6	19.6	
17—18	1	— 2.5	+ 6.0	338	6.5	6.5	
16—17	1	— 9.1	— 4.3	245	10.0	10.0	
15—16	2	— 8.2	+ 2.4	287	8.6	8.6	
14—15	2	— 9.5	— 0.1	269	9.5	10.0	
13—14	2	— 7.6	— 4.7	240	8.7	9.8	
12—13	2	— 4.7	— 6.2	217	7.8	10.6	
11—12	2	— 4.9	— 2.7	241	5.6	9.5	
10—11	3	+ 0.8	— 6.2	173	6.3	12.8	
9—10	5	+ 2.8	— 4.1	146	5.0	8.3	60
8—9	6	+ 4.2	— 2.3	119	4.8	8.7	55
7—8	6	+ 4.1	— 1.0	104	4.2	8.4	50
6—7	7	+ 5.6	— 0.3	93	5.6	7.2	78
5—6	7	+ 4.9	+ 0.5	84	4.9	6.0	82
4—5	7	+ 3.3	— 0.4	97	3.3	4.0	82
3—4	8	+ 4.3	— 1.5	109	4.6	5.0	92
2.5—3	10	+ 4.7	— 1.4	107	4.9	6.0	82
2—2.5	11	+ 5.2	— 1.4	105	5.4	6.4	84
1.5—2	11	+ 5.1	— 0.3	93	5.1	5.8	88
1—1.5	11	+ 5.4	+ 0.4	86	5.4	6.5	83
0.5—1	13	+ 4.9	+ 0.9	79	5.0	6.3	79
0—0.5	13	+ 6.0	+ 0.6	84	6.0	7.2	83
Boden	10	+ 4.1	— 0.3	94	4.1	5.5	75

$\varphi = 5—10^0$ S, $\lambda = 30—35^0$ W

km	n	E	N	𝔇	𝔳	v	𝔮
21—22	1	+ 21.0	0.0	90	21.0	21.0	
20—21	2	+ 11.4	— 1.8	99	11.5	11.6	
19—20	3	+ 7.5	— 4.8	123	8.9	10.9	
18—19	5	+ 1.3	— 6.0	168	6.1	7.4	82
17—18	9	+ 0.6	— 2.5	166	2.6	6.8	38
16—17	12	— 2.7	— 0.7	255	2.8	8.7	32
15—16	18	— 1.0	— 0.6	240	1.2	9.4	13
14—15	21	— 0.1	— 1.0	186	1.0	8.5	12
13—14	28	— 2.1	— 1.6	233	2.6	9.5	27
12—13	30	— 2.0	0.0	270	2.0	11.2	18
11—12	39	— 4.0	+ 1.1	285	4.1	12.1	34
10—11	45	— 1.6	+ 1.4	311	2.1	11.1	19
9—10	52	— 0.9	+ 0.8	312	1.2	9.4	13
8—9	63	+ 0.7	— 0.2	106	0.7	8.0	9
7—8	73	+ 2.0	+ 0.6	73	2.1	7.2	29

km	n	E	N	𝔇	𝔳	v	𝔮
6—7	86	+ 3.2	+ 0.3	85	3.2	6.9	46
5—6	104	+ 3.6	+ 0.6	80	3.7	6.6	56
4—5	127	+ 3.7	+ 1.0	75	3.8	5.7	67
3—4	149	+ 3.7	+ 0.6	81	3.7	5.6	66
2.5—3	173	+ 3.8	— 0.5	97	3.8	5.8	66
2—2.5	190	+ 3.6	— 0.8	103	3.7	5.7	65
1.5—2	202	+ 3.8	— 0.9	103	3.9	5.2	75
1—1.5	213	+ 4.8	— 0.7	98	4.9	5.9	83
0.5—1	216	+ 5.5	— 1.1	101	5.6	6.3	89
0—0.5	218	+ 5.6	— 1.2	102	5.7	6.5	88
Boden	185	+ 4.5	— 1.3	106	4.7	5.2	90

φ = 5—10° S, λ = 25—30° W

3—4	1	+ 6.5	+ 2.1	72	6.8	6.8	
2.5—3	1	+ 5.9	+ 1.2	78	6.0	6.0	
2—2.5	1	+ 4.8	+ 1.5	72	5.0	5.0	
1.5—2	1	+ 5.8	+ 2.7	65	6.4	6.4	
1—1.5	1	+ 6.7	— 0.1	91	6.7	6.7	
0.5—1	1	+ 7.0	— 4.7	124	8.4	8.4	
0—0.5	1	+ 5.6	— 5.3	133	7.7	7.7	

φ = 5—10° S, λ = 0—5° W

3—4	2	+ 2.8	0.0	90	2.8	4.6	
2.5—3	2	+ 2.2	— 0.4	100	2.2	3.4	
2—2.5	2	+ 2.0	— 3.4	150	4.0	6.0	
1.5—2	3	— 0.4	— 0.9	204	1.0	3.5	
1—1.5	3	— 0.3	— 1.4	192	1.4	1.8	
0.5—1	3	+ 1.8	— 4.0	156	4.4	4.4	
0—0.5	3	+ 1.9	— 4.6	158	5.0	5.1	

φ = 5—10° S, λ = 0—5° E

1—1.5	1	+ 4.8	— 2.3	116	5.3	5.3	
0.5—1	1	+ 4.4	— 1.4	108	4.6	4.6	
0—0.5	1	+ 2.9	— 1.7	120	3.4	3.4	

φ = 10—15° S, λ = 35—40° W

22—23	1	+ 8.9	+ 0.2	89	8.9	8.9	
21—22	1	+ 8.4	+ 0.2	89	8.4	8.4	
20—21	4	+ 7.0	— 1.6	103	7.2	19.4	
19—20	5	+ 2.6	+ 0.8	73	2.7	16.7	16
18—19	6	+ 7.1	+ 1.3	80	7.2	14.4	50
17—18	7	+ 5.9	+ 4.5	53	7.4	10.5	70
16—17	9	+ 4.3	— 1.6	110	4.6	9.4	49
15—16	10	+ 5.2	— 2.6	117	5.8	10.6	55
14—15	11	— 0.8	— 4.2	191	4.3	7.6	57
13—14	13	— 4.4	— 3.0	236	5.3	10.7	50
12—13	22	— 5.0	— 4.7	227	6.9	12.5	55
11—12	27	— 1.4	— 3.3	203	3.6	10.6	34
10—11	35	+ 1.7	— 2.0	140	2.6	9.1	29
9—10	41	+ 3.3	— 2.1	123	3.9	7.9	49
8—9	51	+ 2.3	— 1.0	113	2.5	7.4	35
7—8	60	+ 1.5	+ 0.2	83	1.5	7.2	21
6—7	76	+ 2.4	— 0.6	104	2.4	6.2	39

km	n	E	N	𝔇	𝔳	v	𝔮
5—6	93	+ 2.4	— 0.2	95	2.4	5.5	44
4—5	111	+ 2.2	+ 0.1	87	2.2	4.8	46
3—4	132	+ 1.9	— 0.1	93	1.9	4.9	39
2.5—3	147	+ 1.5	— 0.6	112	1.6	4.7	34
2—2.5	152	+ 1.8	— 0.3	99	1.8	4.5	40
1.5—2	159	+ 2.8	— 0.3	96	2.8	4.6	61
1—1.5	165	+ 4.4	+ 0.4	85	4.4	5.6	79
0.5—1	171	+ 5.4	+ 1.0	79	5.5	6.5	85
0—0.5	172	+ 5.5	+ 0.8	82	5.5	6.6	83
Boden	141	+ 4.4	+ 0.5	83	4.4	5.4	82

φ = 10—15° S, λ = 30—35° W

15—16	1	+ 6.7	— 9.3	145	11.5	11.5	
14—15	1	+ 3.3	— 6.5	153	7.3	7.3	
13—14	1	+ 1.1	— 7.9	172	8.0	8.0	
12—13	1	— 1.0	— 7.4	187	7.5	7.5	
11—12	2	+ 3.2	— 7.4	157	8.1	8.8	
10—11	3	+ 0.8	— 5.7	172	5.8	7.2	
9—10	3	— 0.1	— 3.4	182	3.4	6.8	
8—9	3	+ 1.0	— 0.2	101	1.0	5.5	
7—8	5	+ 5.6	+ 1.1	79	5.7	7.4	77
6—7	5	+ 5.2	+ 1.3	76	5.4	6.3	86
5—6	5	+ 3.9	+ 0.9	77	4.0	5.2	77
4—5	6	+ 1.1	+ 1.4	38	1.8	4.1	44
3—4	7	+ 0.7	+ 2.7	15	2.8	5.1	55
2.5—3	10	+ 0.8	+ 1.3	32	1.5	5.6	27
2—2.5	10	+ 0.5	+ 3.3	9	3.3	4.7	70
1.5—2	11	+ 1.0	+ 0.2	79	1.0	4.0	25
1—1.5	14	+ 3.1	+ 0.9	74	3.2	5.0	64
0.5—1	15	+ 4.5	+ 1.2	75	4.7	5.6	84
0—0.5	15	+ 5.3	+ 0.8	81	5.4	6.6	82
Boden	12	+ 3.7	+ 1.6	66	4.0	4.7	85

φ = 10—15° S, λ = 25—30° W

5—6	1	+ 0.8	+ 7.9	5	7.9	7.9	
4—5	1	+ 1.0	+ 3.7	15	3.8	3.8	
3—4	1	+ 4.0	+ 2.6	57	4.8	4.8	
2.5—3	1	+ 4.7	+ 1.4	73	4.9	4.9	
2—2.5	1	+ 3.4	+ 0.9	75	3.5	3.5	
1.5—2	1	+ 3.5	— 1.1	107	3.7	3.7	
1—1.5	1	+ 5.7	— 3.5	122	6.7	6.7	
0.5—1	1	+ 6.5	— 3.9	121	7.6	7.6	
0—0.5	1	+ 6.0	— 3.6	121	7.0	7.0	
Boden	1	+ 6.3	0.0	90	6.3	6.3	

φ = 10—15° S, λ = 0—5° W

1—1.5	1	+ 2.5	— 5.4	155	6.0	6.0	
0.5—1	1	+ 2.8	— 4.1	146	5.0	5.0	
0—0.5	1	+ 1.5	— 4.0	160	4.3	4.3	

φ = 10—15° S, λ = 0—5° E

7—8	1	+ 7.0	— 0.9	97	7.1	7.1	
6—7	1	+ 6.0	+ 5.1	50	7.8	7.9	
5—6	1	+ 7.2	+ 1.8	76	7.4	7.4	

km	n	E	N	$\mathfrak{D}$	$\mathfrak{v}$	v	q
4—5	1	+ 8.6	— 1.8	102	8.8	8.8	
3—4	1	+ 6.2	— 1.0	99	6.3	6.3	
2.5—3	1	+ 4.1	— 1.2	106	4.3	4.3	
2—2.5	1	+ 2.7	— 0.7	105	2.8	2.8	
1.5—2	1	+ 1.8	— 2.4	142	3.0	3.0	
1—1.5	1	+ 2.0	— 1.5	127	2.5	2.5	
0.5—1	1	+ 3.9	— 3.9	135	5.5	5.5	
0—0.5	2	+ 5.4	— 0.2	92	5.4	8.2	

φ = 10—15° S, λ = 5—10° E

km	n	E	N	$\mathfrak{D}$	$\mathfrak{v}$	v	q
2.5—3	1	+ 1.9	— 0.7	109	2.0	2.0	
2—2.5	1	+ 1.9	+ 0.8	68	2.0	2.0	
1.5—2	1	+ 0.5	+ 0.7	35	0.8	0.8	
1—1.5	1	+ 0.9	— 0.4	112	1.0	1.0	
0.5—1	2	+ 0.9	— 3.6	166	3.7	3.8	
0—0.5	2	+ 0.4	— 3.1	173	3.1	3.2	

φ = 15—20° S, λ = 35—40° W

km	n	E	N	$\mathfrak{D}$	$\mathfrak{v}$	v	q
20—21	2	+ 22.6	— 27.6	140	36.0	37.8	
19—20	3	+ 14.2	— 9.3	123	17.0	18.5	
18—19	8	+ 9.4	— 12.8	144	15.9	18.0	88
17—18	9	+ 5.2	— 2.5	116	5.8	13.0	45
16—17	9	+ 2.3	— 2.9	142	3.7	9.7	38
15—16	13	— 0.8	— 4.2	191	4.3	10.4	41
14—15	15	+ 0.2	— 3.0	176	3.0	10.0	30
13—14	17	+ 1.5	— 4.4	161	4.7	10.2	46
12—13	21	+ 1.3	— 3.8	161	4.0	11.3	35
11—12	26	— 1.0	— 5.2	191	5.3	11.4	47
10—11	29	+ 0.7	— 3.3	168	3.4	10.3	33
9—10	40	— 0.4	— 2.6	189	2.6	9.6	27
8—9	48	0.0	— 2.1	180	2.1	9.2	23
7—8	57	— 0.7	— 0.5	234	0.9	8.0	11
6—7	70	— 0.2	+ 0.4	333	0.4	6.8	6
5—6	86	— 0.3	+ 0.1	289	0.3	6.0	5
4—5	104	+ 0.2	+ 0.2	45	0.3	4.5	7
3—4	124	+ 0.7	+ 0.3	67	0.8	4.3	19
2.5—3	143	+ 1.1	+ 0.8	54	1.4	4.8	29
2—2.5	153	+ 1.3	+ 0.8	58	1.5	5.0	30
1.5—2	167	+ 1.9	+ 1.4	53	2.4	4.6	52
1—1.5	172	+ 2.8	+ 2.5	48	3.8	5.5	69
0.5—1	172	+ 3.1	+ 3.4	42	4.6	6.5	71
0—0.5	173	+ 3.4	+ 3.3	46	4.7	6.4	74
Boden	140	+ 2.6	+ 2.4	47	3.5	5.1	69

φ = 15—20° S, λ = 20—25° W

km	n	E	N	$\mathfrak{D}$	$\mathfrak{v}$	v	q
6—7	1	— 13.5	+ 12.6	313	18.5	18.5	
5—6	1	— 4.4	+ 7.9	331	9.0	9.0	
4—5	1	— 4.8	+ 5.1	317	7.0	7.0	
3—4	1	— 0.9	+ 0.4	294	1.0	1.0	
2.5—3	1	+ 3.6	— 3.1	131	4.7	4.7	
2—2.5	2	+ 4.1	— 3.1	127	5.1	5.3	
1.5—2	2	+ 6.7	— 2.7	112	7.2	7.2	
1—1.5	2	+ 7.4	— 2.4	108	7.8	7.9	

km	n	E	N	$\mathfrak{D}$	$\mathfrak{v}$	v	q
0.5—1	2	+ 8.2	— 2.8	109	8.7	8.8	
0—0.5	2	+ 8.5	— 3.5	112	9.2	9.2	
Boden							

φ = 15—20° S, λ = 5—10° E

km	n	E	N	$\mathfrak{D}$	$\mathfrak{v}$	v	q
0.5—1	1	+ 8.7	— 10.7	141	13.8	13.8	
0—0.5	1	+ 7.9	— 11.8	146	14.2	14.2	

φ = 20—25° S, λ = 45—50° W

km	n	E	N	$\mathfrak{D}$	$\mathfrak{v}$	v	q
11—12	1	+ 29.8	+ 1.6	87	29.9	29.9	
10—11	1	+ 21.9	0.0	90	21.9	21.9	
9—10	1	+ 21.8	— 1.5	94	21.8	21.8	
8—9	1	+ 11.9	— 1.7	98	12.0	12.0	
7—8	1	+ 11.1	— 3.8	108	11.7	11.7	
6—7	1	+ 6.8	— 3.8	119	7.8	7.8	
5—6	1	+ 5.7	+ 0.4	86	5.7	5.7	
4—5	1	+ 4.6	— 0.9	101	4.7	4.7	
3—4	1	+ 4.9	— 2.1	114	5.3	5.3	
2.5—3	1	+ 3.6	+ 1.5	67	3.9	3.9	
2—2.5	1	+ 2.6	+ 2.5	46	3.6	3.6	
1.5—2	2	+ 2.3	— 1.2	118	2.6	5.4	
1—1.5	2	+ 2.5	— 1.2	116	2.8	4.9	
0.5—1	2	+ 2.1	+ 1.1	62	2.4	2.5	
0—0.5	2	+ 1.7	+ 0.2	83	1.7	2.2	
Boden	2	— 0.4	— 0.4	225	0.6	0.6	

φ = 20—25° S, λ = 40—45° W

km	n	E	N	$\mathfrak{D}$	$\mathfrak{v}$	v	q
21—22	1	+ 13.4	— 20.7	147	24.7	24.7	
20—21	1	+ 20.0	— 24.7	141	31.9	31.9	
19—20	1	+ 19.5	— 15.3	128	24.8	24.8	
18—19	1	+ 14.0	— 1.7	97	14.1	14.1	
17—18	1	+ 9.8	— 0.7	94	9.8	9.8	
16—17	2	+ 1.2	+ 2.8	23	3.0	8.0	
15—16	3	— 13.7	+ 3.0	282	14.0	19.3	
14—15	4	— 11.2	+ 0.8	274	11.2	16.2	
13—14	4	— 12.3	— 3.1	256	12.7	16.9	
12—13	4	— 10.9	— 5.8	242	12.3	17.6	
11—12	6	— 14.7	— 3.0	258	14.9	20.4	73
10—11	10	— 9.4	— 5.0	242	10.6	17.5	61
9—10	10	— 8.3	— 3.8	245	9.1	16.5	55
8—9	12	— 8.8	— 2.2	256	9.1	13.3	68
7—8	16	— 4.2	— 0.4	265	4.2	12.0	35
6—7	20	— 2.5	— 1.5	239	2.9	10.6	27
5—6	25	— 2.7	0.0	270	2.7	8.2	33
4—5	34	— 3.5	+ 0.8	283	3.6	6.6	55
3—4	41	— 3.5	+ 1.3	290	3.7	7.0	53
2.5—3	43	— 2.3	+ 1.7	307	2.9	6.3	46
2—2.5	44	— 2.3	+ 1.7	307	2.9	5.7	51
1.5—2	48	— 1.4	+ 2.9	334	3.2	5.6	57
1—1.5	55	— 0.6	+ 3.5	351	3.5	5.9	59
0.5—1	56	+ 1.8	+ 4.3	23	4.7	6.8	69
0—0.5	56	+ 4.3	+ 4.1	46	6.0	7.9	76
Boden	50	+ 2.8	+ 1.8	58	3.3	5.4	61

km	n	E	N	𝔇	𝔳	v	q
φ = 20—25° S, λ = 35—40° W							
16—17	1	+ 11.6	— 0.8	94	11.6	11.6	
15—16	2	+ 10.6	— 1.4	98	10.7	11.2	
14—15	2	+ 11.4	— 6.8	121	13.3	14.2	
13—14	2	+ 11.5	— 3.4	107	12.0	13.5	
12—13	2	+ 8.2	— 3.3	112	8.9	10.5	
11—12	4	— 2.1	— 3.6	210	4.2	12.0	
10—11	5	— 3.1	— 0.8	256	3.2	10.0	32
9—10	5	— 3.7	— 0.4	264	3.7	8.7	43
8—9	7	— 2.6	+ 0.4	279	2.6	7.2	36
7—8	11	— 0.2	— 0.1	243	0.2	5.9	3
6—7	11	— 0.4	+ 1.2	342	1.3	4.9	27
5—6	14	— 2.6	+ 1.6	302	3.1	6.0	52
4—5	15	0.0	+ 1.9	360	1.9	5.2	37
3—4	17	— 2.9	+ 2.2	307	3.6	6.5	55
2.5—3	17	— 3.0	+ 2.5	310	3.9	6.1	64
2—2.5	17	— 1.6	+ 2.6	328	3.1	5.8	53
1.5—2	18	— 2.0	+ 3.3	329	3.9	6.5	60
1—1.5	18	— 0.2	+ 3.9	357	3.9	6.8	57
0.5—1	19	— 1.0	+ 3.3	343	3.5	6.6	53
0—0.5	19	+ 3.1	+ 5.9	28	6.6	7.9	84
Boden	19	+ 2.3	+ 5.3	23	5.8	6.3	92
φ = 20—25° S, λ = 30—35° W							
20—21	1	— 35.0	+ 0.6	271	35.0	35.0	
19—20	1	— 20.8	— 2.9	262	21.0	21.0	
18—19	1	— 20.8	— 1.4	266	20.0	20.0	
17—18	1	— 26.8	— 3.3	263	27.0	27.0	
16—17	1	— 18.0	+ 0.6	272	18.0	18.0	
15—16	1	— 2.2	— 5.4	202	5.8	5.8	
14—15	1	+ 12.6	— 28.3	156	31.0	31.0	
13—14	1	+ 9.2	— 36.9	166	38.0	38.0	
12—13	1	+ 8.5	— 48.3	170	49.0	49.0	
11—12	1	+ 10.7	— 39.6	165	41.0	41.0	
10—11	1	+ 7.0	— 36.3	169	37.0	37.0	
9—10	1	+ 4.4	— 16.2	165	16.8	16.8	
8—9	3	— 16.1	— 13.4	230	21.0	21.6	
7—8	3	— 14.6	— 9.9	236	17.6	17.7	
6—7	3	— 11.0	— 9.2	230	14.3	14.3	
5—6	3	— 6.0	— 6.3	224	8.7	8.7	
4—5	3	— 5.6	— 4.7	230	7.3	7.5	
3—4	3	— 3.4	— 3.0	229	4.5	4.5	
2.5—3	3	— 0.9	— 0.6	236	1.1	3.1	
2—2.5	3	— 2.2	— 0.3	262	2.2	2.8	
1.5—2	3	+ 2.6	— 0.1	92	2.6	2.8	
1—1.5	3	+ 4.5	— 0.4	95	4.5	4.9	
0.5—1	3	+ 6.5	— 2.4	110	6.9	7.0	
0—0.5	3	+ 6.5	— 4.1	122	7.7	7.8	
Boden	1	+ 5.8	— 2.5	113	6.3	6.3	
φ = 20—25° S, λ = 5—10° E							
2.5—3	1	+ 1.6	+ 1.0	57	1.9	1.9	
2—2.5	1	+ 5.0	+ 3.3	57	6.0	6.0	
1.5—2	1	+ 6.0	+ 3.0	63	6.7	6.7	
1—1.5	1	+ 6.6	+ 3.4	63	7.4	7.4	
0.5—1	1	+ 7.5	+ 3.8	63	8.4	8.4	
0—0.5	1	+ 9.2	— 1.8	101	9.4	9.4	
φ = 20—25° S, λ = 10—15° E							
5—6	2	— 4.8	— 1.8	249	5.1	7.5	
4—5	3	— 4.2	+ 3.0	306	5.2	8.3	
3—4	3	— 3.2	+ 3.4	317	4.7	5.9	
2.5—3	3	— 2.9	+ 5.0	330	5.8	6.5	
2—2.5	3	— 2.5	+ 3.9	327	4.6	5.1	
1.5—2	3	— 1.2	+ 4.0	343	4.2	4.8	
1—1.5	3	— 0.3	+ 2.6	353	2.6	3.4	
0.5—1	3	— 0.1	+ 2.3	357	2.3	4.1	
0—0.5	3	+ 0.3	— 1.0	163	1.1	2.8	
φ = 25—30° S, λ = 45—50° W							
15—16	1	— 14.8	+ 2.6	280	15.0	15.0	
14—15	2	— 15.8	— 6.8	246	17.2	18.1	
13—14	3	— 20.9	— 2.7	262	21.1	22.0	
12—13	5	— 8.8	— 1.7	259	9.0	19.8	45
11—12	7	— 16.1	— 4.2	255	16.6	21.9	76
10—11	11	— 15.1	— 5.6	249	16.1	19.2	84
9—10	15	— 12.2	— 8.8	234	15.0	17.2	87
8—9	17	— 9.4	— 1.8	259	9.6	13.1	73
7—8	23	— 7.2	— 0.4	267	7.2	10.6	68
6—7	32	— 5.1	— 2.0	249	5.5	9.2	60
5—6	37	— 4.4	— 1.1	256	4.5	8.0	56
4—5	44	— 5.0	— 0.5	264	5.0	8.1	62
3—4	53	— 4.6	— 0.5	264	4.6	8.1	57
2.5—3	58	— 5.2	— 0.1	269	5.2	7.4	70
2—2.5	62	— 4.0	+ 0.8	281	4.1	7.0	59
1.5—2	67	— 4.0	+ 0.6	279	4.0	6.3	63
1—1.5	71	— 2.4	+ 0.7	286	2.5	5.5	45
0.5—1	72	— 0.7	+ 1.1	328	1.3	6.1	21
0—0.5	73	+ 1.5	+ 1.1	54	1.9	6.5	29
Boden	69	+ 1.4	+ 0.1	86	1.4	5.2	27
φ = 25—30° S, λ = 30—35° W							
7—8	1	— 3.5	— 3.9	222	5.2	5.2	
6—7	1	— 2.7	— 3.6	217	4.5	4.5	
5—6	1	— 0.2	— 3.3	183	3.3	3.3	
4—5	1	+ 1.5	— 3.3	156	3.6	3.6	
3—4	1	+ 0.8	— 2.2	160	2.3	2.3	
2.5—3	1	+ 1.9	— 3.3	150	3.8	3.8	
2—2.5	1	+ 4.8	— 1.7	110	5.0	5.0	
1.5—2	1	+ 6.5	— 0.8	97	6.6	6.6	
1—1.5	1	+ 6.2	+ 0.1	89	6.2	6.2	
0.5—1	1	+ 4.1	— 2.8	136	5.0	5.0	
0—0.5	1	+ 6.3	— 2.9	115	6.9	6.9	
Boden	1	+ 4.9	— 2.1	113	5.3	5.3	

km	n	E	N	𝔇	𝔳	v	q
$\varphi = 25—30^0$ S, $\lambda = 10—15^0$ E							
14—15	1	−21.3	+20.7	314	29.8	29.8	
13—14	2	−14.3	+12.1	310	18.8	19.0	
12—13	2	−8.5	+10.0	320	13.1	14.6	
11—12	2	−6.9	+8.9	322	11.3	12.5	
10—11	2	−5.2	+4.7	312	7.0	9.0	
9—10	2	−2.1	+2.3	318	3.1	6.3	
8—9	2	+0.7	+1.5	25	1.7	6.6	
7—8	2	−2.2	+1.0	294	2.4	9.6	
6—7	2	+1.4	+2.2	32	2.6	7.2	
5—6	2	+5.3	+1.0	79	5.4	6.0	
4—5	3	+4.9	+2.3	65	5.4	7.7	
3—4	3	+3.8	+1.4	70	4.1	4.3	
2.5—3	3	+0.6	+0.8	37	1.0	2.0	
2—2.5	3	+1.1	+1.2	43	1.6	2.6	
1.5—2	4	+1.9	+0.1	87	1.9	2.1	
1—1.5	4	+3.0	−1.3	113	3.3	3.5	
0.5—1	4	+5.2	−0.7	98	5.2	6.6	
0—0.5	4	+5.9	−6.9	140	9.0	10.3	
Boden	4	+2.0	−7.0	164	7.3	7.9	
$\varphi = 25—30^0$ S, $\lambda = 15—20^0$ E							
2.5—3	1	−6.5	+9.0	324	11.1	11.1	
2—2.5	1	−8.0	+4.6	300	9.3	9.3	
1.5—2	1	−9.5	+3.1	288	10.0	10.0	
1—1.5	1	−8.6	+4.4	297	9.6	9.6	
0.5—1	2	+1.6	−4.2	159	4.5	10.8	
0—0.5	2	+2.6	−7.0	160	7.5	8.8	
$\varphi = 30—35^0$ S, $\lambda = 55—60^0$ W							
13—14	1	−1.6	−15.3	186	15.4	15.4	
12—13	1	+0.2	−13.6	179	13.6	13.6	
11—12	1	−4.8	−8.7	209	9.9	9.9	
10—11	1	−2.8	−5.2	208	5.9	5.9	
9—10	1	−2.7	−6.3	203	6.9	6.9	
8—9	2	−20.8	−7.4	250	22.1	22.9	
7—8	4	−11.0	+1.4	277	11.1	12.5	
6—7	4	−8.9	+2.6	286	9.3	10.7	
5—6	4	−7.5	+2.1	286	7.8	8.9	
4—5	4	−6.2	+2.4	292	6.6	8.2	
3—4	5	−5.5	+2.6	296	6.1	8.1	75
2.5—3	7	−4.4	+2.3	298	5.0	6.9	72
2—2.5	7	−3.6	+1.9	298	4.1	6.2	67
1.5—2	7	−2.4	+1.0	293	2.6	5.9	44
1—1.5	7	−3.1	+3.4	318	4.6	7.1	65
0.5—1	7	−0.9	+4.0	347	4.1	7.6	54
0—0.5	7	+0.6	+3.7	9	3.8	7.0	54
Boden	7	+0.9	+2.0	24	2.2	4.7	47
$\varphi = 30—35^0$ S, $\lambda = 50—55^0$ W							
16—17	1	−8.7	−9.3	223	12.7	12.7	
15—16	2	−15.2	−6.9	245	16.7	16.7	
14—15	3	−17.2	−10.0	240	19.9	20.2	
13—14	3	−19.9	−14.7	233	24.8	24.9	
12—13	3	−18.6	−13.3	234	22.9	22.9	
11—12	4	−14.0	−14.8	223	20.4	20.6	
10—11	4	−13.1	−14.9	221	19.9	20.1	
9—10	6	−13.0	−13.1	225	18.5	19.4	95
8—9	8	−17.1	−11.9	235	20.9	22.4	93
7—8	12	−12.8	−7.4	240	14.8	16.7	89
6—7	20	−15.2	−5.9	249	16.3	17.8	92
5—6	29	−9.8	−3.2	252	10.3	13.3	77
4—5	33	−6.9	−2.3	252	7.3	11.7	62
3—4	41	−5.0	−0.2	268	5.0	9.5	53
2.5—3	60	−4.5	0.0	270	4.5	9.0	50
2—2.5	65	−3.8	+0.2	273	3.8	8.4	45
1.5—2	71	−2.3	−0.7	253	2.4	7.6	32
1—1.5	75	−1.7	+0.1	273	1.7	7.6	22
0.5—1	79	−0.5	+0.4	309	0.6	7.5	8
0—0.5	80	+0.9	+0.8	48	1.2	7.6	16
Boden	75	+1.1	+0.5	66	1.2	5.3	22
$\varphi = 30—35^0$ S, $\lambda = 10—15^0$ E							
9—10	1	−29.9	+11.5	291	32.0	32.0	
8—9	1	−17.4	+9.7	299	20.0	20.0	
7—8	1	−13.8	+8.0	300	16.0	16.0	
6—7	1	−11.1	+9.8	312	14.8	14.8	
5—6	1	−12.0	+9.9	310	15.5	15.5	
4—5	2	−11.2	+9.5	310	14.7	14.7	
3—4	2	−9.7	+10.5	318	14.3	14.4	
2.5—3	2	−8.7	+7.9	313	11.8	12.2	
2—2.5	3	−9.7	+4.6	295	10.8	12.7	
1.5—2	4	−10.6	+2.1	281	10.8	13.1	
1—1.5	5	−16.2	+1.5	275	16.3	17.5	93
0.5—1	6	−13.7	+1.1	275	13.7	14.2	97
0—0.5	6	−11.5	+0.3	271	11.5	12.5	92
Boden	6	−11.3	−1.4	263	11.4	11.7	98
$\varphi = 30—35^0$ S, $\lambda = 15—20^0$ E							
13—14	1	−23.0	+0.4	271	23.0	23.0	
12—13	1	−16.2	−0.9	267	16.6	16.6	
11—12	2	+3.2	−11.1	164	11.6	14.9	
10—11	3	−1.2	−18.2	184	18.2	23.6	
9—10	4	−7.5	−8.0	223	11.0	19.9	
8—9	3	−0.6	−12.6	183	12.6	14.1	
7—8	4	−1.8	−7.5	192	7.7	10.2	
6—7	4	−2.5	−3.1	219	4.0	7.1	
5—6	4	−2.0	−3.2	212	3.8	6.5	
4—5	5	−2.3	+0.3	277	2.3	4.2	55
3—4	5	−3.1	+1.3	293	3.4	5.0	68
2.5—3	5	−1.1	+1.1	315	1.6	4.4	36
2—2.5	5	+0.1	+2.2	3	2.2	5.5	40
1.5—2	5	+1.1	+2.6	23	2.8	5.6	50
1—1.5	5	+3.7	+0.2	87	3.7	4.2	88
0.5—1	5	+8.0	−4.6	120	9.2	10.0	92
0—0.5	6	+8.6	−7.0	129	11.1	12.2	91
Boden	6	+5.3	−4.8	132	7.2	9.3	77

$\varphi = 35—40^0$ S, $\lambda = 55—60^0$ W

km	n	E	N	𝔇	𝔳	v	𝔮
16—17	1	— 11.6	— 3.1	255	12.0	12.0	
15—16	1	— 16.7	— 2.4	262	16.9	16.9	
14—15	1	— 25.5	+ 4.4	280	25.8	25.8	
13—14	2	— 21.1	— 10.1	244	23.4	28.0	
12—13	2	— 29.5	— 4.9	260	29.9	31.0	
11—12	2	— 27.2	— 8.0	253	28.3	29.7	
10—11	3	— 25.6	— 9.6	249	27.2	28.0	
9—10	3	— 25.0	— 11.1	246	27.4	27.9	
8—9	3	— 22.1	— 7.6	251	23.4	23.7	
7—8	3	— 19.7	— 7.8	248	21.2	21.6	
6—7	3	— 18.8	— 5.1	255	19.5	20.0	
5—6	4	— 17.1	— 6.4	249	18.3	18.3	
4—5	5	— 11.4	— 4.8	247	12.4	12.7	98
3—4	8	— 10.7	— 0.9	265	10.7	13.6	79
2.5—3	8	— 7.8	— 0.6	265	7.8	11.5	68
2—2.5	9	— 6.0	+ 1.0	279	6.1	10.7	57
1.5—2	9	— 5.9	+ 0.9	278	6.0	10.7	56
1—1.5	9	— 6.3	+ 0.7	277	6.3	10.1	62
0.5—1	10	— 4.3	— 0.9	258	4.4	8.7	51
0—0.5	10	— 1.8	— 1.2	236	2.2	7.3	30
Boden	7	+ 0.4	— 1.6	166	1.7	6.0	28

$\varphi = 35—40^0$ S, $\lambda = 50—55^0$ W

km	n	E	N	𝔇	𝔳	v	𝔮
20—21	1	— 15.6	— 4.0	255	16.0	16.0	
19—20	1	— 4.6	+ 0.2	272	4.6	4.6	
18—19	1	— 7.6	+ 1.8	284	7.8	7.8	
17—18	1	— 14.9	+ 1.8	277	15.0	15.0	
16—17	3	— 15.3	+ 2.3	279	15.5	15.9	
15—16	3	— 15.0	— 0.6	267	15.0	15.1	
14—15	3	— 18.6	+ 1.0	273	18.7	18.8	
13—14	3	— 21.7	— 0.8	268	21.7	22.0	
12—13	4	— 23.0	+ 2.0	275	23.1	23.3	
11—12	4	— 21.2	— 0.2	270	21.2	21.6	
10—11	4	— 19.2	— 2.4	263	19.3	20.2	
9—10	4	— 16.1	— 2.0	263	16.2	17.2	
8—9	5	— 15.7	+ 1.0	274	15.7	16.9	93
7—8	5	— 15.8	+ 2.0	277	15.9	16.8	95
6—7	5	— 15.6	+ 1.1	274	15.7	16.2	97
5—6	5	— 11.1	— 1.3	263	11.2	12.0	93
4—5	5	— 11.6	— 3.7	252	12.2	13.6	90
3—4	7	— 11.2	— 6.4	240	12.9	14.7	88
2.5—3	7	— 11.2	— 5.8	242	12.6	13.9	91
2—2.5	8	— 11.0	— 4.2	249	11.8	13.2	89
1.5—2	9	— 10.0	— 4.0	248	10.8	12.1	89
1—1.5	10	— 7.9	— 3.2	248	8.5	10.9	78
0.5—1	10	— 6.4	— 2.9	245	7.0	8.2	85
0—0.5	10	— 3.4	— 1.4	248	3.7	6.4	58
Boden	10	— 1.9	— 0.3	261	1.9	5.6	34

$\varphi = 35—40^0$ S, $\lambda = 20—25^0$ E

km	n	E	N	𝔇	𝔳	v	𝔮
9—10	1	— 26.3	— 6.1	257	27.0	27.0	
8—9		— 21	— 5	257	22		
7—8		— 14	0	270	14		
6—7	1	— 7.9	+ 1.3	280	8.0	8.0	
5—6	1	— 11.3	+ 2.6	283	11.6	11.6	
4—5	2	— 6.6	+ 1.9	286	6.9	6.9	
3—4	3	— 11.6	+ 1.9	280	11.7	12.6	
2.5—3	3	— 9.6	+ 2.2	283	9.9	11.1	
2—2.5	3	— 7.5	+ 3.9	298	8.5	11.2	
1.5—2	3	— 5.3	+ 2.6	296	5.9	7.4	
1—1.5	4	— 2.4	— 1.2	243	2.7	8.0	
0.5—1	4	+ 1.2	— 1.8	146	2.2	10.2	
0—0.5	4	— 1.2	— 2.3	208	2.6	9.6	
Boden	4	+ 0.3	— 1.6	169	1.6	8.9	

$\varphi = 40—45^0$ S, $\lambda = 60—65^0$ W

km	n	E	N	𝔇	𝔳	v	𝔮
15—16		— 19	— 2	264	19		
14—15		— 25	— 3	263	25		
13—14		— 27	— 5	260	28		
12—13		— 31	— 8	256	32		
11—12		— 35	— 11	253	37		
10—11		— 35	— 15	247	38		
9—10	2	— 34.9	— 14.6	247	37.8	38.4	
8—9	2	— 29.1	— 0.2	270	29.1	29.3	
7—8	1	— 30.7	— 4.4	262	31.1	31.1	
6—7	2	— 24.3	— 9.5	249	26.2	26.3	
5—6	3	— 23.0	— 9.7	247	25.0	25.3	
4—5	5	— 21.4	— 2.3	261	21.7	24.4	89
3—4	7	— 21.6	— 2.9	262	21.8	23.8	92
2.5—3	8	— 17.2	— 2.2	262	17.4	18.9	92
2—2.5	8	— 14.2	— 0.4	268	14.2	16.5	86
1.5—2	9	— 14.1	+ 0.5	272	14.1	15.3	92
1—1.5	9	— 10.6	+ 0.8	274	10.6	13.0	82
0.5—1	9	— 7.2	+ 2.0	286	7.5	12.4	61
0—0.5	10	— 2.2	+ 3.8	330	4.4	11.1	40
Boden	10	+ 0.2	+ 3.6	3	3.6	8.1	44

$\varphi = 40—45^0$ S, $\lambda = 20—25^0$ E

km	n	E	N	𝔇	𝔳	v	𝔮
9—10		— 35	— 7	259	36		
8—9		— 28	— 4	262	28		
7—8		— 22	0	270	22		
6—7		— 19	+ 3	279	19		
5—6		— 17	+ 5	286	18		
4—5		— 16	+ 6	291	17		
3—4		— 15	+ 9	301	18		
2.5—3	1	— 13.3	+ 8.9	304	16.0	16.0	
2—2.5	1	— 13.1	+ 7.2	299	15.0	15.0	
1.5—2	1	— 13.3	+ 4.1	287	13.9	13.9	
1—1.5	2	— 12.2	+ 5.9	296	13.5	14.0	
0.5—1	3	— 9.9	+ 1.4	278	10.0	10.3	
0—0.5	5	— 7.3	+ 0.1	271	7.3	7.7	95
Boden	5	— 6.2	+ 1.4	283	6.3	6.8	93

$\varphi = 45—50^0$ S, $\lambda = 65—70^0$ W

km	n	E	N	𝔇	𝔳	v	𝔮
5—6	1	— 11.5	+ 9.6	310	15.0	15.0	
4—5	1	— 12.5	+ 5.3	293	13.6	13.6	

km	n	E	N	𝔇	𝔟	v	q
3—4	2	— 14.2	— 2.1	262	14.4	14.4	
2.5—3	3	— 15.9	— 7.0	246	17.4	17.7	
2—2.5	4	— 13.8	— 0.5	268	13.8	15.3	
1.5—2	4	— 13.2	— 1.3	264	13.3	10.4	
1—1.5	4	— 13.6	— 2.7	259	13.8	14.7	
0.5—1	5	— 8.6	— 3.9	246	9.4	11.0	85
0—0.5	5	— 7.6	— 1.0	262	7.7	10.6	73
Boden	4	— 4.6	+ 1.2	285	4.7	8.8	
$\varphi = 40—45^0$ S, $\lambda = 60—65^0$ W							
15—16	1	— 24.7	+ 4.2	280	25.0	25.0	
14—15	1	— 27.4	+ 5.7	282	28.0	28.0	
13—14	2	— 24.7	+ 8.9	290	26.2	26.5	
12—13	2	— 24.6	+ 8.9	290	25.9	25.9	
11—12	2	— 24.2	+ 11.2	295	26.5	26.5	
10—11	2	— 24.9	+ 9.3	290	26.5	26.8	
9—10	2	— 22.7	+ 5.9	285	23.5	24.0	
8—9	2	— 19.7	+ 3.7	281	20.1	20.2	
7—8	2	— 15.7	+ 1.9	277	15.8	16.4	
6—7	2	— 11.5	+ 5.7	296	12.9	13.0	
5—6	4	— 13.3	+ 7.6	300	15.3	15.6	
4—5	4	— 11.5	+ 5.7	296	12.8	13.7	
3—4	4	— 10.7	+ 2.0	281	10.9	11.8	
2.5—3	4	— 12.9	— 0.5	268	12.9	13.6	
2—2.5	4	— 13.1	— 0.8	266	13.1	14.1	
1.5—2	4	— 12.8	— 0.6	267	12.8	14.2	
1—1.5	4	— 10.8	+ 0.3	271	10.8	13.1	
0.5—1	4	— 8.5	+ 2.6	287	8.9	10.6	
0—0.5	4	— 7.7	+ 2.8	290	8.2	13.1	
Boden	4	— 3.8	+ 2.9	307	4.8	7.9	
$\varphi = 50—55^0$ S, $\lambda = 70—75^0$ W							
2—2.5	1	— 7.0	+ 6.5	327	9.6	9.6	
1.5—2	1	— 11.6	+ 2.7	283	11.9	11.9	
1—1.5	1	— 6.8	+ 1.6	283	7.0	7.0	
0.5—1	1	— 7.4	+ 1.2	279	7.4	7.4	
0—0.5	1	— 7.4	+ 0.9	277	7.5	7.5	
Boden	1	— 3.7	+ 1.5	292	4.0	4.0	
$\varphi = 50—55^0$ S, $\lambda = 65—70^0$ W							
14—15		— 22	+ 8	290	23		
13—14		— 21	+ 11	298	24		
12—13	1	— 20.8	+ 10.8	297	23.5	23.5	
11—12	1	— 19.0	— 0.6	268	19.0	19.0	
10—11	1	— 20.0	+ 3.0	279	20.2	20.2	
9—10	1	— 20.2	+ 6.0	287	21.1	21.1	
8—9	1	— 10.4	— 1.3	263	10.5	10.5	
7—8	2	— 17.5	— 5.8	252	18.5	18.6	
6—7	2	— 18.6	— 6.3	251	19.7	19.7	
5—6	2	— 16.2	— 3.9	256	16.7	16.7	
4—5	2	— 16.0	— 5.2	252	16.8	16.9	
3—4	2	— 13.4	— 2.6	259	13.7	13.8	
2.5—3	3	— 17.4	— 4.7	255	18.0	18.2	
2—2.5	3	— 16.5	— 4.1	256	17.0	17.0	
1.5—2	3	— 17.2	— 3.9	257	17.6	17.8	
1—1.5	3	— 16.0	— 5.1	252	16.8	16.9	
0.5—1	3	— 12.6	— 4.3	251	13.3	13.6	
0—0.5	3	— 9.1	— 0.4	268	9.1	9.4	
Boden	3	— 6.0	— 0.9	261	6.0	6.5	
$\varphi = 55—60^0$ S, $\lambda = 65—70^0$ W							
9—10		— 11	+ 6	299	13		
8—9		— 10	+ 7	305	12		
7—8		— 12	+ 6	297	13		
6—7		— 12	+ 9	307	15		
5—6		— 12	+ 11	313	16		
4—5	1	— 12.8	+ 12.4	314	17.8	17.8	
3—4	1	— 13.4	+ 12.0	312	18.0	18.0	
2.5—3	1	— 14.8	+ 10.8	306	18.3	18.3	
2—2.5	1	— 11.6	+ 6.9	301	13.5	13.5	
1.5—2	1	— 7.0	+ 6.3	312	9.4	9.4	
1—1.5	2	— 3.9	+ 8.5	336	9.3	10.0	
0.5—1	3	— 4.8	+ 7.6	332	9.0	10.3	
0—0.5	3	— 2.2	+ 7.8	344	8.1	9.1	
Boden	3	+ 1.8	+ 6.5	15	6.7	7.4	

Tabelle 5

Mittlere Komponenten und Vektoren sowie skalare Geschwindigkeiten in den verschiedenen Höhenstufen, berechnet für Felder von 5⁰-Breiten- und 10⁰-Längenunterschied, für das Ozeangebiet südlich 30⁰ S, getrennt für Winter und Sommer

Tabelle 5a

Mittlere Windfaktoren für Felder von 5⁰-Breiten- und 10⁰-Längenunterschied südlich 30⁰ S, für die Jahreshälfte Mai—Oktober (Süd-Winter)

km	n	E	N	𝔇	𝔳	v
φ = 30—35⁰ S, λ = 40—50⁰ W						
6—7	1	+ 1.1	— 7.8	172	7.9	7.9
5—6	2	+ 0.8	— 2.6	163	2.7	8.1
4—5	4	— 1.8	— 0.5	254	1.9	11.1
3—4	7	— 2.3	+ 0.9	291	2.5	7.2
2.5—3	9	— 2.2	+ 1.4	302	2.6	8.2
2—2.5	10	— 0.9	+ 1.8	334	2.0	7.8
1.5—2	11	— 0.4	+ 3.4	353	3.4	8.5
1—1.5	11	— 0.1	+ 5.1	359	5.1	10.1
0.5—1	12	+ 0.2	+ 5.4	2	5.4	11.0
0—0.5	12	+ 1.9	+ 3.6	28	4.1	10.1
Boden	8	+ 1.6	+ 2.3	35	2.8	5.9
φ = 30—35⁰ S, λ = 30—40⁰ W						
5—6	1	— 25.0	0.0	270	25.0	25.0
4—5	1	— 21.6	— 0.4	269	21.6	21.6
3—4	1	— 14.9	+ 1.6	276	15.0	15.0
2.5—3	1	— 11.7	+ 4.7	292	12.3	12.3
2—2.5	1	— 8.6	+ 3.8	294	9.4	9.4
1.5—2	1	— 7.8	— 1.1	262	7.9	7.9
1—1.5	1	— 7.2	— 7.0	226	10.0	10.0
0.5—1	1	+ 2.9	— 8.8	162	9.2	9.2
0—0.5	1	+ 1.8	— 7.8	167	8.0	8.0
Boden	1	0.0	— 5.3	180	5.3	5.3
φ = 40—45⁰ S, λ = 50—60⁰ W						
9—10	3	— 34.7	— 6.8	259	35.4	35.5
8—9	2	— 44.2	— 25.9	240	51.2	52.5
7—8	2	— 42.6	— 16.8	248	45.4	46.0
6—7	3	— 29.5	— 13.6	245	32.4	34.0
5—6	3	— 19.3	— 11.1	240	22.3	24.1
4—5	3	— 13.2	— 8.7	237	15.8	17.3
3—4	3	— 11.2	— 7.2	237	13.3	13.9
2.5—3	3	— 8.4	— 5.9	235	10.3	11.1
2—2.5	7	— 8.7	— 1.7	259	8.9	12.7
1.5—2	9	— 9.7	— 2.0	258	9.9	12.4
1—1.5	10	— 8.3	— 2.4	254	8.6	10.8
0.5—1	18	— 9.8	+ 1.6	279	9.9	12.6
0—0.5	21	— 9.1	+ 1.1	277	9.2	11.7
Boden	21	— 6.5	+ 1.3	281	6.6	10.0

km	n	E	N	𝔇	𝔳	v
φ = 40—45⁰ S, λ = 40—50⁰ W						
7—8	1	— 3.0	+ 9.5	343	9.9	9.9
6—7	1	— 4.9	+ 11.4	337	12.4	12.4
5—6	1	— 4.7	+ 8.0	330	9.3	9.3
4—5	1	— 5.2	+ 8.4	329	9.9	9.9
3—4	1	— 4.8	+ 9.3	333	10.5	10.5
2.5—3	2	— 4.4	+ 8.5	333	9.6	9.8
2—2.5	3	— 9.2	+ 9.0	314	12.8	14.3
1.5—2	3	— 8.4	+ 7.1	310	11.0	12.7
1—1.5	4	— 10.5	+ 5.9	299	12.1	13.9
0.5—1	4	— 8.8	+ 6.0	307	11.0	13.0
0—0.5	8	— 9.5	+ 1.2	277	9.6	13.6
Boden	8	— 11.6	+ 1.7	278	11.7	13.5
φ = 40—45⁰ S, λ = 30—40⁰ W						
4—5		— 19.0	+ 11.0	300	22.0	
3—4		— 18.5	+ 10.5	300	21.4	
2.5—3		— 16.0	+ 8.5	297	18.3	
2—2.5		— 14.5	+ 6.0	292	15.8	
1.5—2		— 12.5	+ 3.0	284	12.8	
1—1.5	1	— 9.2	+ 7.5	309	11.8	11.8
0.5—1	3	— 9.6	+ 4.1	293	10.4	12.9
0—0.5	5	— 7.3	— 0.5	266	7.3	10.5
Boden	5	— 9.0	+ 0.1	271	9.0	10.8
φ = 40—45⁰ S, λ = 20—30⁰ W						
4—5		— 16.5	+ 6.5	292	17.8	
3—4		— 15.0	+ 4.0	285	15.6	
2.5—3	1	— 14.6	+ 9.7	304	17.5	17.5
2—2.5	1	— 14.9	+ 8.0	298	16.9	16.9
1.5—2	1	— 15.7	+ 6.5	293	17.0	17.0
1—1.5	1	— 14.7	+ 4.6	288	15.4	15.4
0.5—1	2	— 12.4	— 0.2	269	12.4	12.5
0—0.5	5	— 12.2	— 1.2	264	12.3	14.8
Boden	5	— 10.6	+ 1.0	276	10.6	13.7
φ = 40—45⁰ S, λ = 10—20⁰ W						
4—5		— 10.5	+ 2.0	281	10.7	
3—4	1	— 5.7	— 0.1	269	5.7	5.7
2.5—3	1	— 4.3	+ 0.9	282	4.4	4.4

km	n	E	N	𝔇	𝔳	v
2—2.5	2	— 5.9	— 1.2	258	6.0	7.7
1.5—2	3	— 3.4	+ 1.4	292	3.6	4.8
1—1.5	5	+ 0.5	+ 3.5	8	3.5	6.2
0.5—1	6	+ 1.3	+ 1.4	42	1.9	5.9
0—0.5	7	+ 2.2	— 2.1	134	3.0	6.8
Boden	7	+ 0.4	— 2.8	172	2.8	6.3
φ = 40—45° S, λ = 0—10° W						
4—5	1	— 0.1	+ 5.9	359	5.9	5.9
3—4	2	— 8.7	— 0.3	268	8.7	12.5
2.5—3	2	— 5.5	— 0.6	264	5.5	8.9
2—2.5	2	— 3.5	— 2.3	237	4.2	7.5
1.5—2	2	— 3.0	— 2.0	236	3.6	7.4
1—1.5	3	— 4.9	— 4.8	226	6.9	9.8
0.5—1	6	— 4.4	— 6.1	216	7.5	8.8
0—0.5	6	— 4.2	— 7.2	210	8.3	8.3
Boden	6	— 3.4	— 6.7	207	7.5	8.4
φ = 40—45° S, λ = 0—10° E						
4—5		— 15.0	+ 12.5	310	19.5	
3—4		— 17.5	+ 10.5	301	20.4	
2.5—3		— 17.0	+ 9.5	299	19.4	
2—2.5		— 16.0	+ 10.0	302	18.9	
1.5—2		— 15.0	+ 11.0	306	18.6	
1—1.5	2	— 13.6	+ 11.2	309	17.5	17.8
0.5—1	3	— 12.1	+ 16.9	324	20.9	21.1
0—0.5	7	— 5.3	+ 14.0	339	15.0	15.5
Boden	7	— 4.8	+ 11.6	338	12.6	12.9
φ = 40—45° S, λ = 10—20° E						
4—5		— 25	+ 15	301	29	
3—4		— 25	+ 12	296	28	
2.5—3		— 25	+ 12	296	28	
2—2.5		— 25	+ 12	296	28	
1.5—2		— 23	+ 14	301	27	
1—1.5	1	— 8.9	— 0.8	265	8.9	8.9
0.5—1	2	— 15.9	+ 8.4	298	18.0	19.0
0—0.5	4	— 7.8	+ 2.9	291	8.3	12.0
Boden	4	— 4.2	+ 3.1	306	5.2	8.4
φ = 45—50° S, λ = 50—60° W						
6—7	2	— 28.8	— 16.1	241	30.3	33.0
5—6	2	— 24.4	— 17.0	235	29.8	29.8
4—5	3	— 20.3	— 10.9	242	23.0	23.1
3—4	3	— 15.9	— 8.1	243	17.9	18.3
2.5—3	3	— 13.6	— 5.4	248	14.7	15.2
2—2.5	4	— 13.4	— 4.4	252	14.1	14.4
1.5—2	5	— 11.7	— 0.8	266	11.8	13.0
1—1.5	6	— 11.8	— 2.6	258	12.1	13.2
0.5—1	6	— 13.4	— 1.8	262	13.6	14.7
0—0.5	6	— 11.6	— 0.5	268	11.7	12.4
Boden	6	— 8.6	— 1.1	263	8.7	9.4
φ = 45—50° S, λ = 40—50° W						
6—7		— 17.5	— 14.0	231	22.6	
5—6		— 15.5	— 11.0	235	19.0	
4—5		— 14.5	— 9.0	238	17.1	
3—4		— 13.0	— 4.0	253	13.6	
2.5—3		— 11.5	— 2.0	260	11.7	
2—2.5		— 11.0	— 0.5	267	11.0	
1.5—2		— 9.5	+ 1.5	279	9.7	
1—1.5		— 6.5	+ 2.5	291	7.0	
0.5—1		— 5.5	+ 3.5	302	6.5	
0—0.5	2	— 4.3	+ 4.2	314	6.0	10.8
Boden	2	— 3.6	+ 4.1	319	5.5	8.7
φ = 45—50° S, λ = 30—40° W						
6—7		— 15.0	— 10.0	236	18.1	
5—6		— 13.0	— 6.5	244	14.5	
4—5		— 12.5	— 1.0	265	12.5	
3—4		— 12.0	+ 3.5	286	12.5	
2.5—3		— 13.5	+ 7.0	297	15.2	
2—2.5		— 13.5	+ 8.0	301	15.7	
1.5—2		— 13.5	+ 8.0	301	15.7	
1—1.5		— 11.5	+ 6.5	299	13.2	
0.5—1		— 10.0	+ 5.0	297	11.2	
0—0.5	2	— 14.2	+ 2.3	279	14.4	14.4
Boden	2	— 10.8	+ 3.9	290	11.5	11.5
φ = 45—50° S, λ = 20—30° W						
9—10	2	— 19.8	— 31.8	212	37.5	37.5
8—9		— 18.5	— 23.5	218	30.0	
7—8		— 17.0	— 11.5	236	20.5	
6—7		— 15.0	— 2.5	261	15.2	
5—6		— 13.5	+ 10.5	308	17.2	
4—5	3	— 9.0	+ 11.7	322	14.8	15.3
3—4	4	— 10.3	+ 11.0	317	15.1	16.4
2.5—3	5	— 11.7	+ 11.4	314	16.3	17.1
2—2.5	5	— 10.9	+ 11.8	317	16.1	17.2
1.5—2	5	— 12.3	+ 11.8	314	17.1	18.3
1—1.5	5	— 9.6	+ 10.0	316	13.9	16.3
0.5—1	6	— 10.7	+ 11.3	317	15.5	17.7
0—0.5	7	— 9.0	+ 12.9	325	15.8	17.3
Boden	7	— 0.9	+ 10.1	355	10.2	11.0
φ = 45—50° S, λ = 10—20° W						
6—7		— 43.5	+ 15.5	290	46.0	
5—6		— 35.0	+ 16.5	295	39.0	
4—5		— 31.5	+ 14.5	295	35.0	
3—4		— 27.0	+ 12.5	295	29.8	
2.5—3		— 24.5	+ 12.5	297	27.6	
2—2.5		— 22.5	+ 13.5	301	26.3	
1.5—2		— 19.5	+ 13.5	305	23.8	
1—1.5	2	— 22.1	+ 8.9	292	23.8	23.8
0.5—1	2	— 20.8	+ 8.5	292	22.5	22.5
0—0.5	3	— 12.9	+ 11.5	312	17.4	18.2
Boden	3	— 6.2	+ 8.1	323	10.2	11.5

km	n	E	N	$\mathfrak{D}$	$\mathfrak{v}$	v
$\varphi = 45$—50^0 S, $\lambda = 0$—10^0 W						
11—12	1	—21.0	— 6.0	254	21.8	21.8
10—11	1	—21.0	— 6.0	254	21.8	21.8
9—10	1	—19.8	— 7.2	250	21.1	21.1
8—9	1	—19.4	— 9.4	244	21.4	21.4
7—8	2	—37.8	+ 9.7	284	39.0	43.6
6—7	1	+ 0.2	—18.6	180	18.6	18.6
5—6	1	— 1.0	—19.4	183	19.4	19.4
4—5	2	—15.0	— 2.8	259	15.3	23.3
3—4	3	—13.3	— 1.8	262	13.5	16.4
2.5—3	5	—13.0	— 2.4	259	13.3	15.1
2—2.5	6	—11.9	— 3.4	254	12.4	14.3
1.5—2	6	—12.2	— 1.3	264	12.3	13.4
1—1.5	7	—11.9	— 1.6	262	12.1	12.8
0.5—1	8	— 9.6	+ 0.2	271	9.6	13.2
0—0.5	8	— 8.8	+ 1.3	278	8.9	12.6
Boden	8	— 3.7	— 0.2	267	3.8	8.5
$\varphi = 45$—50^0 S, $\lambda = 0$—10^0 E						
6—7		—14.0	— 5.0	250	14.9	
5—6		—12.0	— 6.0	243	13.5	
4—5		—10.0	— 4.0	248	10.8	
3—4		— 8.0	— 2.0	256	8.3	
2.5—3		— 7.0	— 0.5	266	7.1	
2—2.5		— 6.5	0.0	270	6.5	
1.5—2		— 6.0	+ 1.0	280	6.1	
1—1.5		— 5.5	+ 2.0	290	5.9	
0.5—1	3	— 4.2	+ 2.3	299	4.8	6.5
0—0.5	3	— 4.2	+ 2.2	298	4.8	6.7
Boden	3	— 4.3	+ 2.6	301	5.0	6.7
$\varphi = 45$—50^0 S, $\lambda = 10$—20^0 E						
11—12	1	— 7.2	+20.8	341	22.0	22.0
10—11	1	—10.1	+21.8	335	24.0	24.0
9—10	1	— 7.7	+15.8	334	17.6	17.6
8—9	1	—13.6	+ 6.3	295	15.0	15.0
7—8	1	—10.9	+ 2.9	285	11.3	11.3
6—7	1	— 8.7	+ 3.4	292	9.3	9.3
5—6	1	— 5.0	+ 1.8	290	5.3	5.3
4—5	1	+ 1.3	+ 2.7	26	3.0	3.0
3—4	1	+ 1.7	+ 6.0	16	6.2	6.2
2.5—3	1	+ 5.9	+ 6.3	43	8.6	8.6
2—2.5	1	+ 2.3	+ 8.7	15	9.0	9.0
1.5—2	2	+ 1.4	+ 7.1	11	7.3	7.3
1—1.5	2	+ 3.1	+ 7.4	22	8.0	8.0
0.5—1	2	+ 2.5	+ 7.9	17	8.3	8.3
0—0.5	3	+ 5.2	+ 8.9	30	10.3	11.8
Boden	3	+ 5.1	+ 8.3	31	9.7	9.9
$\varphi = 60$—65^0 S, $\lambda = 30$—40^0 W						
9—10	1	— 8.1	— 6.6	231	10.5	10.5
8—9	1	— 7.1	— 9.2	217	11.6	11.6
7—8	1	— 5.9	—11.6	207	13.0	13.0
6—7	1	— 1.7	— 6.3	195	6.5	6.5
5—6	1	+ 2.7	— 1.7	122	3.2	3.2
4—5	4	— 2.4	+ 1.8	303	3.0	11.5
3—4	4	+ 1.0	+ 3.4	16	3.5	8.3
2.5—3	5	— 1.0	+ 2.3	337	2.5	8.2
2—2.5	5	— 1.1	+ 1.2	317	1.6	7.9
1.5—2	5	— 0.6	+ 1.4	337	1.5	8.8
1—1.5	5	— 0.2	+ 1.2	351	1.2	8.0
0.5—1	6	— 1.6	— 1.5	227	2.2	8.7
0—0.5	6	— 1.3	— 1.0	232	1.6	7.6
Boden	6	— 0.3	— 0.4	217	0.5	5.0
$\varphi = 65$—70^0 S, $\lambda = 40$—50^0 W						
6—7	1	— 9.8	—12.0	219	15.5	15.5
5—6	4	— 7.9	+ 3.8	296	8.8	14.3
4—5	6	—12.8	— 4.8	249	13.7	16.7
3—4	13	— 8.2	— 3.7	245	9.0	13.2
2.5—3	15	— 8.8	— 4.6	240	9.9	12.7
2—2.5	18	— 6.4	— 2.9	245	7.0	10.5
1.5—2	22	— 6.0	— 2.6	246	6.5	9.5
1—1.5	25	— 5.2	— 3.1	239	6.0	9.2
0.5—1	25	— 4.5	— 3.8	230	5.9	8.8
0—0.5	26	— 3.1	— 3.4	222	4.6	7.6
Boden	26	— 2.1	— 1.9	228	2.8	5.1
$\varphi = 65$—70^0 S, $\lambda = 30$—40^0 W						
6—7	1	—22.3	—11.4	243	25.1	25.1
5—6	2	—18.3	—11.2	238	21.5	21.5
4—5	2	—15.6	— 9.5	238	18.3	18.3
3—4	3	— 9.6	— 3.9	248	10.4	12.7
2.5—3	4	— 6.0	— 4.0	236	7.2	10.1
2—2.5	4	— 6.5	— 5.8	228	8.7	12.4
1.5—2	5	— 5.8	— 7.6	217	9.6	13.2
1—1.5	5	— 5.6	— 7.8	215	9.6	13.0
0.5—1	5	— 6.4	— 6.7	223	9.3	12.2
0—0.5	5	— 5.4	— 3.6	236	6.5	9.0
Boden	5	— 3.3	— 2.7	231	4.3	6.7
$\varphi = 70$—75^0 S, $\lambda = 40$—50^0 W						
8—9	1	—15.0	—32.1	205	35.4	35.4
7—8	1	—12.0	—25.2	205	27.5	27.5
6—7	2	— 8.1	—21.3	201	22.8	22.8
5—6	4	— 3.4	—19.4	190	19.7	24.3
4—5	5	— 1.7	—17.4	185	17.5	20.3
3—4	5	— 1.5	—12.2	188	12.3	14.5
2.5—3	10	+ 1.2	— 5.6	168	5.7	8.7
2—2.5	11	— 0.1	— 6.4	180	6.4	9.4
1.5—2	12	— 1.4	— 6.8	191	7.0	9.6
1—1.5	14	— 1.3	— 6.1	192	6.2	8.9
0.5—1	18	— 1.9	— 5.2	200	5.5	8.1
0—0.5	19	— 2.0	— 4.3	205	4.7	7.1
Boden	19	— 2.1	— 2.2	224	3.0	5.3

Tabelle 5b

Mittlere Windfaktoren für Felder von 5°-Breiten- und 10°-Längenunterschied südlich von 30° S, für die Jahreshälfte November—April (Süd-Sommer)

km	n	E	N	𝔇	𝔳	v
φ = 30—35° S, λ = 40—50° W						
11—12	1	—44.1	—11.8	255	45.7	45.7
10—11	2	—26.5	— 5.7	258	27.1	29.4
9—10	3	—25.3	— 6.5	256	26.1	27.2
8—9	3	—24.6	— 4.9	259	25.1	25.9
7—8	3	—21.4	— 7.1	252	22.5	22.8
6—7	5	—17.3	—10.3	239	20.2	20.8
5—6	5	—16.1	—10.2	238	19.0	19.6
4—5	5	—14.1	— 8.7	238	16.6	20.5
3—4	7	—11.9	— 6.6	241	13.6	15.1
2.5—3	10	— 6.8	— 0.4	267	6.8	9.8
2—2.5	11	— 7.3	— 0.7	264	7.3	10.2
1.5—2	13	— 5.7	— 0.5	265	5.7	8.7
1—1.5	15	— 4.1	+ 0.8	281	4.2	7.0
0.5—1	15	— 2.4	+ 2.7	318	3.6	8.9
0—0.5	15	— 1.3	+ 2.5	332	2.8	9.8
Boden	13	+ 2.9	+ 3.6	39	4.6	7.6
φ = 30—35° S, λ = 30—40° W						
9—10	1	—55.1	— 9.7	260	56.0	56.0
8—9		—36	—11	253	38	
7—8		—21	—12	240	24	
6—7	1	+ 2.0	—14.1	172	14.3	14.3
5—6	1	+ 4.7	—14.5	162	15.3	15.3
4—5	2	— 5.0	—11.5	204	12.6	15.2
3—4	2	— 6.7	— 8.4	219	10.7	11.4
2.5—3	3	— 8.8	— 7.4	230	11.5	12.7
2—2.5	5	— 6.5	— 4.7	234	8.0	8.4
1.5—2	6	— 6.8	— 1.4	258	6.9	9.1
1—1.5	6	— 5.2	— 2.1	248	5.6	8.6
0.5—1	8	+ 1.2	— 2.5	155	2.8	8.6
0—0.5	9	+ 2.9	— 2.9	135	4.1	13.1
Boden	9	+ 2.2	— 1.9	131	2.9	8.2
φ = 30—35° S, λ = 20—30° W						
14—15	1	—15.8	—20.6	217	26.0	26.0
13—14	2	—22.5	—14.5	237	26.8	27.4
12—13	2	—25.0	— 7.3	254	26.1	26.1
11—12	2	—23.6	— 6.7	254	24.5	24.6
10—11	3	—18.7	— 8.3	246	20.4	21.0
9—10	5	—22.8	— 1.0	267	22.8	24.0
8—9	4	—20.2	+ 1.2	273	20.3	22.3
7—8	4	—19.6	+ 1.3	274	19.7	21.7
6—7	4	—13.6	— 1.5	264	13.7	14.9
5—6	6	— 9.2	— 0.7	266	9.3	11.3
4—5	6	— 7.0	+ 1.0	278	7.1	8.6
3—4	6	— 6.6	+ 1.3	281	6.7	8.3
2.5—3	6	— 4.3	+ 1.6	290	4.6	6.6
2—2.5	6	— 2.3	+ 1.3	299	2.7	5.1
1.5—2	6	— 1.4	+ 1.5	317	2.1	6.1
1—1.5	6	+ 1.8	+ 0.8	66	2.0	6.1
0.5—1	6	+ 4.3	+ 0.2	87	4.3	7.7
0—0.5	6	+ 5.6	— 0.8	98	5.7	8.1
Boden	6	+ 3.6	— 1.0	105	3.8	6.3
φ = 30—35° S, λ = 10—20° W						
9—10	1	—42.0	+16.1	291	45.0	45.0
8—9		—38	+12	288	40	
7—8		—32	+ 7	282	33	
6—7		—27	+ 5	280	28	
5—6		—25	+ 1	272	25	
4—5		—22	— 1	267	22	
3—4		—18	— 2	264	18	
2.5—3		—16	— 1	266	16	
2—2.5	1	—15.0	0.0	270	15.0	15.0
1.5—2	2	—16.2	+ 8.0	296	18.1	19.3
1—1.5	2	—17.3	+ 7.2	293	18.7	19.6
0.5—1	4	—12.2	+ 3.1	284	12.6	13.1
0—0.5	5	— 2.9	+ 1.8	302	3.4	11.5
Boden	5	— 2.5	+ 2.3	312	3.4	9.1
φ = 30—35° S, λ = 0—10° W						
9—10	1	—26.5	—35.1	217	44.0	44.0
8—9	1	—27.0	—27.0	225	38.1	38.1
7—8	1	—26.0	—16.0	238	30.0	30.0
6—7	2	—27.1	—10.4	249	29.1	29.4
5—6	2	—21.1	—10.6	243	23.7	23.7
4—5	2	—16.9	— 8.4	243	18.9	18.9
3—4	3	—12.8	— 5.5	246	14.0	14.0
2.5—3	5	—10.3	— 1.0	264	10.3	11.3
2—2.5	5	— 7.8	— 1.0	263	7.9	8.6
1.5—2	6	— 7.5	+ 0.7	275	7.6	8.7
1—1.5	6	— 6.3	— 0.9	262	6.4	7.8
0.5—1	8	— 6.8	— 1.4	258	6.9	9.9
0—0.5	9	— 6.3	— 0.9	262	6.4	10.6
Boden	9	— 4.5	— 1.1	256	4.6	9.1
φ = 30—35° S, λ = 0—10° E						
9—10	1	—34.7	+17.7	297	39.0	39.0
8—9		—37	— 6	261	38	
7—8		—39	—18	245	43	
6—7	1	—46.8	—27.0	239	54.4	54.4
5—6		—30	— 2	266	30	
4—5	1	—13.6	+14.4	317	19.8	19.8
3—4	4	—19.4	+ 4.8	284	20.0	22.8
2.5—3	5	—13.9	+ 4.8	289	14.7	18.2

km	n	E	N	$\mathfrak{D}$	$\mathfrak{v}$	v
2—2.5	5	—10.7	+5.8	298	12.2	14.8
1.5—2	5	—9.6	+4.7	296	10.7	13.3
1—1.5	7	—11.5	+3.9	289	12.2	14.1
0.5—1	8	—11.7	+4.1	289	12.4	15.5
0—0.5	11	—11.4	+6.0	298	13.0	15.7
Boden	11	—7.8	+4.6	301	9.1	11.7
φ = 35—40° S, λ = 40—50° W						
1—1.5	1	—1.5	+5.0	344	5.2	5.2
0.5—1	2	—0.9	+2.5	340	2.7	3.2
0—0.5	2	—0.7	+1.4	334	1.6	2.3
Boden	2	0.0	+0.8	360	0.8	1.1
φ = 35—40° S, λ = 30—40° W						
2—2.5	1	—5.8	—4.4	232	7.3	7.3
1.5—2	1	—11.4	—6.6	240	13.2	13.2
1—1.5	1	—11.9	—6.3	243	13.5	13.5
0.5—1	1	—12.9	—3.7	254	13.4	13.4
0—0.5	1	—10.4	—1.8	260	10.5	10.5
Boden	1	—11.1	0.0	270	11.1	11.1
φ = 40—45° S, λ = 50—60° W						
2.5—3	1	—3.6	—4.7	217	5.9	5.9
2—2.5	1	—3.0	—4.0	217	5.0	5.0
1.5—2	1	—2.7	—5.8	205	6.4	6.4
1—1.5	1	+0.3	—5.5	177	5.5	5.5
0.5—1	1	+2.6	—4.4	150	5.1	5.1
0—0.5	1	+3.1	—3.2	136	4.5	4.5
Boden	1	+4.9	—4.9	135	6.9	6.9
φ = 40—45° S, λ = 30—40° W						
2—2.5	1	—18.5	+1.6	291	18.7	18.7
1.5—2	1	—16.2	0.0	270	16.2	16.2
1—1.5	1	—16.2	—1.1	266	16.2	16.2
0.5—1	1	—14.1	—1.0	266	14.2	14.2
0—0.5	1	—15.1	—1.1	266	15.1	15.1
Boden	1	—11.1	0.0	270	11.1	11.1
φ = 45—50° S, λ = 30—40° W						
3—4	1	—22.3	+11.8	298	25.3	25.3
2.5—3	1	—19.9	+4.2	282	20.4	20.4
2—2.5	1	—15.7	+3.1	281	16.0	16.0
1.5—2	1	—13.7	+3.2	283	14.0	14.0
1—1.5	1	—11.8	+2.3	281	12.0	12.0
0.5—1	1	—11.3	—0.6	267	11.3	11.3
0—0.5	1	—10.5	+0.9	275	10.5	10.5
Boden	1	—7.9	+3.4	293	8.6	8.6
φ = 45—50° S, λ = 10—20° E						
9—10	1	—45.2	—8.8	259	46.0	46.0
8—9		—35	—7	259	30	
7—8		—30	—3	264	30	

km	n	E	N	$\mathfrak{D}$	$\mathfrak{v}$	v
6—7		—27	0	270	27	
5—6		—25	+2	275	25	
4—5		—23	+4	280	23	
3—4		—22	+3	278	22	
2.5—3		—21	0	270	21	
2—2.5		—20	—1	267	20	
1.5—2		—19	—2	264	19	
1—1.5	1	—19.0	—1.8	264	19.0	19.0
0.5—1	3	—18.6	—0.3	268	18.6	19.1
0—0.5	3	—15.4	+2.4	279	15.5	15.8
Boden	3	—14.6	+3.3	306	15.0	15.6
φ = 50—55° S, λ = 50—60° W						
0.5—1	1	—6.5	—11.2	210	12.9	12.9
0—0.5	1	—7.0	—12.0	210	13.9	13.9
Boden						
φ = 50—55° S, λ = 40—50° W						
9—10	2	—10.9	—28.9	201	30.9	31.0
8—9		—12	—23	208	26	
7—8		—14	—19	216	24	
6—7		—13	—15	221	20	
5—6		—12	—12	225	17	
4—5	1	—6.1	—10.3	210	11.9	12.0
3—4	2	—8.7	—9.3	223	12.8	13.0
2.5—3	2	—8.7	—9.8	221	13.1	13.2
2—2.5	4	—8.7	—9.4	223	12.9	12.9
1.5—2	4	—9.1	—9.3	224	13.0	13.1
1—1.5	4	—8.0	—8.8	222	11.9	12.0
0.5—1	5	—6.8	—8.8	218	11.2	11.2
0—0.5	6	—8.2	—7.8	227	11.3	11.6
Boden	6	—6.7	—6.9	224	9.7	9.7
φ — 50—55° S, λ — 30—40° W						
14—15	1	+4.8	—10.9	156	11.9	11.9
13—14	1	+5.8	—12.2	155	13.5	13.5
12—13	1	+9.7	—12.4	142	15.7	15.7
11—12	1	+11.7	—10.5	132	15.7	15.7
10—11	2	—9.0	—23.3	201	25.0	31.7
9—10	2	—6.5	—19.5	198	20.6	28.9
8—9	3	—7.1	—19.2	200	20.5	25.9
7—8	3	—10.1	—16.8	211	19.6	24.0
6—7	3	—6.7	—13.8	206	15.3	18.7
5—6	3	—3.5	—10.8	198	11.3	15.8
4—5	3	—3.1	—9.6	198	10.1	14.5
3—4	3	—2.6	—12.3	192	12.6	15.7
2.5—3	3	—1.4	—10.6	187	10.7	14.0
2—2.5	3	—1.4	—8.7	189	8.8	10.9
1.5—2	3	—2.8	—6.5	203	7.1	9.1
1—1.5	4	—6.4	—4.6	234	7.9	8.1
0.5—1	6	—3.4	—2.8	231	4.4	5.1
0—0.5	6	—0.7	—2.9	194	3.0	5.3
Boden	6	—1.2	—2.7	204	3.0	7.2

$\varphi = 50—55^0$ S, $\lambda = 10—20^0$ E

km	n	E	N	𝔇	𝔳	v
9—10		—30	—10	252	32	
8—9		—29	—10	251	31	
7—8		—26	— 8	253	27	
6—7		—23	— 5	258	24	
5—6		—19	— 2	264	19	
4—5		—14	+ 4	286	15	
3—4		—10	+11	318	15	
2.5—3	1	— 7.0	+10.4	326	12.5	12.5
2—2.5	2	— 8.6	+10.1	320	13.3	13.3
1.5—2	2	— 8.2	+ 8.6	317	11.9	12.0
1—1.5	3	— 5.5	+ 8.5	328	10.1	11.0
0.5—1	3	— 4.4	+ 8.4	333	9.5	10.5
0—0.5	5	— 2.2	+ 6.9	342	7.2	9.0
Boden	5	— 0.7	+ 6.5	354	6.5	8.2

$\varphi = 55—60^0$ S, $\lambda = 50—60^0$ W

km	n	E	N	𝔇	𝔳	v
9—10		—12	—26	205	29	
8—9		—13	—22	211	26	
7—8		—16	—18	222	24	
6—7		—16	—14	229	21	
5—6		—14	—10	234	17	
4—5		—12	— 6	243	13	
3—4		— 9	0	270	9	
2.5—3	1	— 7.4	+ 3.1	293	8.0	8.0
2—2.5	2	— 7.7	+ 5.0	303	9.2	9.8
1.5—2	3	— 8.4	— 0.7	265	8.4	11.6
1—1.5	3	— 7.6	— 0.6	266	7.6	10.9
0.5—1	4	— 4.7	— 0.1	269	4.7	9.0
0—0.5	5	— 6.0	+ 0.6	276	6.0	9.0
Boden	5	— 4.0	+ 1.8	294	4.4	8.1

$\varphi = 55—60^0$ S, $\lambda = 40—50^0$ W

km	n	E	N	𝔇	𝔳	v
1.5—2	1	—16.0	— 2.3	262	16.2	16.2
1—1.5	1	—15.6	— 1.9	263	15.7	15.7
0.5—1	2	—13.8	— 5.1	250	14.7	14.9
0—0.5	2	—12.6	+ 0.5	272	12.6	12.8
Boden	2	—10.3	+ 1.0	276	10.3	11.2

$\varphi = 55—60^0$ S, $\lambda = 30—40^0$ W

km	n	E	N	𝔇	𝔳	v
9—10		— 8	—22	200	23	
8—9		— 9	—19	205	21	
7—8		— 9	—17	208	19	
6—7		— 7	—15	205	17	
5—6		— 4	—13	197	14	
4—5		— 2	—12	189	12	
3—4		0	—13	180	13	
2.5—3		+ 2	—12	171	12	
2—2.5		+ 3	—11	165	11	
1.5—2		+ 3	— 8	160	9	
1—1.5		+ 3	— 6	154	7	
0.5—1	1	+ 2.1	— 5.1	158	5.5	5.5
0—0.5	3	— 4.8	— 1.3	255	5.0	7.6
Boden	3	— 0.3	— 2.3	187	2.3	5.4

$\varphi = 55—60^0$ S, $\lambda = 20—30^0$ W

km	n	E	N	𝔇	𝔳	v
9—10		—27	—25	227	37	
8—9		—27	—22	231	35	
7—8		—24	—20	231	31	
6—7		—21	—18	230	28	
5—6		—14	—14	225	20	
4—5		—12	—12	225	17	
3—4		— 9	—12	217	15	
2.5—3		— 7	—11	212	13	
2—2.5		— 7	— 8	221	10.6	
1.5—2	2	— 8.1	+ 1.0	277	8.2	8.2
1—1.5	5	— 8.9	— 1.8	259	9.1	10.0
0.5—1	6	— 7.4	— 2.1	254	7.7	8.3
0—0.5	7	— 5.2	— 1.8	251	5.5	6.3
Boden	7	— 2.5	— 0.8	252	2.6	3.1

$\varphi = 55—60^0$ S, $\lambda = 10—20^0$ W

km	n	E	N	𝔇	𝔳	v
14—15	1	—11.0	—13.1	220	17.1	17.1
13—14	1	—12.9	—10.8	230	16.8	16.8
12—13	1	—10.8	—11.2	224	15.5	15.5
11—12	1	—10.7	—14.0	217	17.7	17.7
10—11	1	—10.4	—15.6	213	18.8	18.8
9—10	2	—26.5	—25.8	226	37.0	38.0
8—9	2	—24.2	—22.2	228	33.0	34.5
7—8	2	—19.6	—20.9	223	28.6	30.8
6—7	2	—17.5	—16.5	227	24.0	25.2
5—6	2	—12.0	—13.8	221	18.3	19.1
4—5	2	— 9.2	—11.4	219	14.7	15.5
3—4	2	—10.2	—10.2	225	14.4	14.8
2.5—3	2	— 7.7	— 9.9	218	12.5	12.5
2—2.5	2	— 6.8	— 6.5	226	9.4	9.4
1.5—2	3	— 7.3	— 2.7	250	7.8	11.7
1—1.5	4	— 8.3	— 3.8	245	9.1	9.1
0.5—1	4	— 7.0	— 4.5	237	8.3	8.7
0—0.5	4	— 7.3	— 3.8	243	8.2	8.4
Boden	4	— 4.8	— 2.9	239	5.6	5.7

$\varphi = 55—60^0$ S, $\lambda = 0—10^0$ W

km	n	E	N	𝔇	𝔳	v
9—10		+ 2	—14	172	14	
8—9		+ 1	—15	176	15	
7—8		— 3	—13	193	13.4	
6—7		— 4	—11	200	12	
5—6		— 4	— 9	204	10	
4—5		— 2	— 7	196	7	
3—4		— 1	— 4	194	4	
2.5—3		+ 1	— 1	135	1	
2—2.5		+ 2	+ 2	45	2.9	
1.5—2	1	+ 6.0	— 3.5	120	6.9	6.9
1—1.5	1	+ 6.6	— 4.2	123	7.8	7.8
0.5—1	3	+ 2.9	— 0.6	102	3.0	13.5
0—0.5	3	+ 3.6	— 1.0	105	3.8	12.0
Boden	3	+ 3.4	— 3.2	133	4.7	12.1

km	n	E	N	𝔇	𝔳	v
$\varphi = 55$—60^0 S, $\lambda = 0$—10^0 E						
9—10	1	+ 10.6	— 9.2	131	14.0	14.0
8—9		— 8	— 11	216	14	
7—8	3	— 14.7	— 10.9	234	18.5	18.5
6—7	3	— 14.9	— 11.2	233	18.7	19.1
5—6	3	— 9.9	— 8.8	229	13.2	13.4
4—5	4	— 6.1	— 5.2	230	8.0	11.0
3—4	4	— 2.1	— 3.5	211	4.1	7.7
2.5—3	4	— 2.0	— 3.5	209	4.1	7.2
2—2.5	6	— 1.8	— 4.8	201	5.2	6.8
1.5—2	6	— 0.8	— 4.4	190	4.5	5.6
1—1.5	6	— 1.0	— 3.8	195	3.9	5.7
0.5—1	8	— 1.7	— 5.4	198	5.7	8.6
0—0.5	9	— 1.3	— 5.3	194	5.5	8.3
Boden	9	— 1.8	— 5.6	198	5.9	7.9
$\varphi = 60$—65^0 S, $\lambda = 60$—70^0 W						
9—10		— 10	+ 3	287	10	
8—9	2	— 14.0	+ 4.3	287	14.7	22.0
7—8	2	— 11.5	+ 3.8	288	12.1	19.2
6—7	2	— 7.4	+ 6.0	309	9.5	16.4
5—6	2	— 3.9	+ 7.4	332	8.4	13.5
4—5	3	— 7.0	+ 7.2	316	10.0	14.2
3—4	3	— 6.1	+ 7.2	320	9.5	12.9
2.5—3	3	— 3.0	+ 7.0	337	7.6	11.0
2—2.5	4	— 2.7	+ 5.3	343	5.5	9.6
1.5—2	5	— 0.1	+ 7.3	359	7.3	10.3
1—1.5	7	+ 0.4	+ 5.9	4	5.9	8.8
0.5—1	7	+ 1.3	+ 4.6	16	4.8	7.4
0—0.5	7	+ 2.0	+ 2.5	39	3.2	5.7
Boden	7	+ 2.4	+ 0.9	69	2.6	4.4
$\varphi = 60$—65^0 S, $\lambda = 40$—50^0 W						
18—19	1	— 2.2	— 3.3	214	4.0	4.0
17—18	1	— 3.1	— 1.2	249	3.3	3.3
16—17	1	— 2.6	— 4.2	211	5.0	5.0
15—16	2	— 6.1	— 3.9	238	7.2	7.6
14—15	2	— 5.3	— 4.0	233	6.7	6.8
13—14	2	— 4.4	— 5.2	220	6.8	6.9
12—13	2	— 6.0	— 5.1	230	7.9	8.3
11—12	2	— 5.2	— 4.2	231	6.7	6.7
10—11	2	— 5.9	— 5.4	228	8.0	8.2
9—10	2	— 5.3	— 6.3	220	8.3	8.3
8—9	2	— 7.6	— 7.1	227	10.4	10.8
7—8	2	— 11.1	— 7.3	237	13.3	13.4
6—7	3	— 9.2	— 6.2	236	11.1	12.1
5—6	3	— 8.1	— 5.3	237	9.7	10.6
4—5	5	— 5.0	— 9.0	209	10.3	12.1
3—4	6	— 5.7	— 7.3	218	9.3	10.4
2.5—3	8	— 3.1	— 5.5	209	6.3	8.1
2—2.5	9	— 2.9	— 4.7	212	5.6	7.1
1.5—2	11	— 1.1	— 3.2	199	3.4	7.0

km	n	E	N	𝔇	𝔳	v
1—1.5	14	— 0.4	— 2.8	188	2.8	6.5
0.5—1	17	+ 0.4	— 2.0	169	2.1	5.6
0—0.5	24	+ 0.9	— 1.7	153	2.0	6.1
Boden	28	— 0.1	— 1.3	184	1.3	3.8
$\varphi = 60$—65^0 S, $\lambda = 30$—40^0 W						
8—9	1	— 15.4	— 6.9	246	16.9	16.9
7—8	1	— 10.1	— 11.2	222	15.1	15.1
6—7	1	— 9.1	— 15.2	211	17.8	17.8
5—6	2	+ 1.0	— 13.2	176	13.2	15.4
4—5	6	— 5.0	— 5.7	221	7.6	13.8
3—4	10	— 6.4	— 5.3	231	8.3	12.4
2.5—3	12	— 6.7	— 2.0	253	7.0	10.4
2—2.5	14	— 5.8	— 1.7	253	6.1	8.6
1.5—2	17	— 4.0	— 2.7	236	4.9	7.5
1—1.5	20	— 2.1	— 3.4	212	4.0	6.7
0.5—1	31	— 3.2	— 2.8	229	4.3	7.2
0—0.5	38	— 3.0	— 2.9	226	4.2	7.7
Boden	39	— 2.1	— 2.2	224	3.1	5.4
$\varphi = 60$—65^0 S, $\lambda = 20$—30^0 W						
9—10	1	— 10.2	+ 0.5	273	10.2	10.2
8—9	1	— 10.0	+ 0.2	271	10.0	10.0
7—8	1	— 10.3	+ 1.3	278	10.4	10.4
6—7	1	— 11.5	+ 2.9	284	11.9	11.9
5—6	3	— 11.5	+ 0.8	274	11.5	12.5
4—5	7	— 6.0	— 0.1	269	6.0	9.9
3—4	9	— 8.4	+ 0.1	271	8.4	10.3
2.5—3	9	— 5.4	— 0.3	266	5.4	6.8
2—2.5	10	— 6.8	— 0.8	263	6.9	7.7
1.5—2	11	— 6.3	— 0.6	264	6.4	7.0
1—1.5	12	— 5.1	— 1.7	251	5.4	7.2
0.5—1	16	— 4.4	— 1.2	255	4.6	6.9
0—0.5	20	— 2.5	+ 0.3	277	2.5	6.9
Boden	22	— 1.5	+ 0.4	285	1.6	4.2
$\varphi = 60$—65^0 S, $\lambda = 10$—20^0 W						
16—17	1	— 4.2	+ 1.5	290	4.4	4.4
15—16	1	— 3.7	— 0.7	259	3.7	3.7
14—15	1	— 4.8	+ 1.5	288	5.0	5.0
13—14	1	— 5.4	+ 1.0	281	5.5	5.5
12—13	1	— 3.2	+ 0.3	275	3.2	3.2
11—12	1	— 2.9	+ 1.6	299	3.3	3.3
10—11	1	— 1.5	+ 4.8	343	5.0	5.0
9—10	1	+ 3.5	+ 8.3	23	9.0	9.0
8—9	1	+ 5.7	+ 8.9	32	10.6	10.6
7—8	2	+ 6.2	+ 5.7	47	8.4	8.6
6—7	2	+ 4.7	+ 4.6	45	6.6	7.0
5—6	2	+ 4.4	+ 1.7	68	4.7	5.0
4—5	2	+ 2.6	+ 1.3	63	2.9	3.7
3—4	2	+ 4.1	+ 2.3	60	4.7	5.2
2.5—3	2	+ 5.7	+ 2.9	63	6.4	7.2
2—2.5	2	+ 4.3	+ 3.5	50	5.6	6.2

km	n	E	N	$\mathfrak{D}$	$\mathfrak{v}$	v
1.5—2	3	+ 3.6	— 0.3	95	3.6	6.8
1—1.5	3	+ 3.0	— 1.1	110	3.2	6.5
0.5—1	4	+ 3.0	— 2.7	132	4.0	6.4
0—0.5	6	+ 5.4	— 0.5	95	5.4	7.9
Boden	6	+ 3.4	— 0.2	93	3.4	6.2

$\varphi = 60—65^0$ S, $\lambda = 0—10^0$ E

km	n	E	N	$\mathfrak{D}$	$\mathfrak{v}$	v
13—14	1	— 15.4	— 22.0	215	26.9	26.9
12—13	1	— 17.0	— 12.4	234	21.1	21.1
11—12	1	— 12.0	— 10.5	229	16.0	16.0
10—11	1	— 8.2	— 8.8	223	12.0	12.0
9—10	1	— 7.8	— 13.4	210	15.5	15.5
8—9	1	— 8.1	— 11.5	215	14.1	14.1
7—8	1	— 4.9	— 10.2	205	11.3	11.3
6—7	1	— 2.1	— 6.9	197	7.2	7.2
5—6	1	— 1.7	— 3.6	205	4.0	4.0
4—5	1	— 5.0	0.0	270	5.0	5.0
3—4	1	— 4.0	+ 3.3	310	5.2	5.2
2.5—3	1	— 2.0	+ 4.0	333	4.5	4.5
2—2.5	1	— 7.7	+ 4.4	300	8.9	8.9
1.5—2	1	— 4.7	+ 4.3	313	6.4	6.4
1—1.5	5	— 1.8	+ 2.4	323	3.0	4.7
0.5—1	7	— 2.5	+ 1.2	296	2.8	5.3
0—0.5	7	— 1.8	+ 0.9	297	2.0	4.9
Boden	7	— 1.0	+ 0.3	287	1.0	4.3

$\varphi = 70—75^0$ S, $\lambda = 40—50^0$ W

km	n	E	N	$\mathfrak{D}$	$\mathfrak{v}$	v
1—1.5	1	— 4.0	— 3.0	233	5.0	5.0
0.5—1	1	— 7.7	— 3.1	248	8.3	8.3
0—0.5	1	— 5.9	— 6.8	221	9.0	9.0
Boden	1	— 4.7	— 3.6	231	5.9	5.9

$\varphi = 70—75^0$ S, $\lambda = 30—40^0$ W

km	n	E	N	$\mathfrak{D}$	$\mathfrak{v}$	v
10—11	1	+ 13.1	+ 6.1	65	14.5	14.5
9—10	2	+ 1.1	+ 3.2	19	3.4	13.8
8—9	2	+ 4.9	+ 3.4	55	6.0	12.5
7—8	2	+ 5.7	+ 3.7	57	6.8	13.7
6—7	2	+ 5.1	+ 0.9	80	5.2	12.8
5—6	3	+ 3.8	— 12.0	163	12.6	13.5
4—5	3	+ 3.0	— 9.1	162	9.6	16.2
3—4	6	+ 5.3	+ 1.0	79	5.4	10.7
2.5—3	10	+ 3.4	+ 1.2	71	3.6	7.5
2—2.5	10	+ 4.2	— 0.4	96	4.2	7.1
1.5—2	11	+ 3.8	— 2.0	118	4.3	6.4
1—1.5	11	+ 4.8	— 1.1	103	4.9	7.5
0.5—1	16	+ 1.2	+ 1.0	51	1.6	5.6
0—0.5	17	+ 1.3	+ 1.3	45	1.8	5.6
Boden	17	+ 1.3	+ 0.9	55	1.6	4.8

$\varphi = 70—75^0$ S, $\lambda = 20—30^0$ W

km	n	E	N	$\mathfrak{D}$	$\mathfrak{v}$	v
5—6	1	— 17.4	— 12.5	234	21.5	21.5
4—5	1	— 15.0	— 11.7	232	19.0	19.0
3—4	1	— 6.2	— 4.2	236	7.5	7.5
2.5—3	2	— 9.8	— 6.4	237	11.7	16.9
2—2.5	2	— 4.9	— 7.0	215	8.5	8.5
1.5—2	2	— 5.4	— 7.7	215	9.4	9.4
1—1.5	4	— 3.5	— 4.3	219	5.5	5.9
0.5—1	5	— 2.8	— 4.2	213	5.0	5.4
0—0.5	6	— 2.9	— 1.7	240	3.4	4.0
Boden	6	— 2.6	— 0.9	251	2.8	3.7

$\varphi = 75—80^0$ S, $\lambda = 30—40^0$ W

km	n	E	N	$\mathfrak{D}$	$\mathfrak{v}$	v
15—16	1	— 7.0	— 3.6	243	7.9	7.9
14—15	1	— 7.8	— 1.5	259	7.9	7.9
13—14	1	— 5.8	— 1.2	258	5.9	5.9
12—13	1	— 7.6	— 1.5	259	7.7	7.7
11—12	1	— 7.5	— 1.6	258	7.8	7.8
10—11	2	— 6.0	— 5.0	230	7.8	9.1
9—10	4	— 9.4	— 8.3	228	12.5	13.2
8—9	5	— 11.1	— 9.5	229	14.6	15.4
7—8	6	— 7.2	— 14.0	207	15.7	19.6
6—7	7	— 9.0	— 10.4	221	13.7	18.4
5—6	8	— 8.0	— 8.2	224	11.5	15.6
4—5	8	— 6.9	— 4.9	235	8.5	11.9
3—4	9	— 4.7	— 1.9	248	5.1	10.2
2.5—3	9	— 3.7	0.0	270	3.7	9.4
2—2.5	9	— 3.9	+ 0.5	277	3.9	9.1
1.5—2	9	— 3.1	— 1.4	246	3.4	6.7
1—1.5	9	— 2.2	— 2.3	224	3.2	5.6
0.5—1	11	— 1.0	— 1.2	220	1.6	3.8
0—0.5	11	0.0	— 0.5	180	0.5	2.3
Boden	11	+ 0.7	— 0.5	126	0.9	1.6

Tabelle 6. Mittlere Vektoren für 5°-Breitenzonen zwischen 20° N und 75° S, getrennt für die westliche und östliche Ozeanhälfte

Tabelle 6a. Jahreshälfte Mai—Oktober

km	15—20° N				10—15° N				5—10° N				0—5° N			
	westl.		östl.		westl.		östl.		westl.		östl.		westl.		östl.	
	𝔇	𝔳	𝔇	𝔳	𝔇	𝔳	𝔇	𝔳	𝔇	𝔳	𝔇	𝔳	𝔇	𝔳	𝔇	𝔳
19—20			7	10			12	6			8	6	31	8	11	16
18—19			6	5			12	7			13	5	27	3	5	10
17—18			6	7			10	6			9	4	6	6	5	7
16—17			24	7			10	4			9	2	3	5	6	6
15—16			28	11			19	4			27	3	30	5	5	8
14—15			23	13			14	6			18	1	29	10	6	7
13—14			23	13			16	3			18	3	29	7	6	4
12—13			23	12	14	1	15	5			29	7	27	3	1	4
11—12			23	8	3	4	14	4			31	8	32	1	6	5
10—11			24	7	6	2	11	3			31	8	5	1	8	6
9—10			25	5	14	5	12	2			32	5	8	4	9	7
8—9	28	4	25	3	11	3	12	2			14	1	8	5	9	7
7—8	36	3	25	3	9	3	11	3			12	4	9	5	9	5
6—7	30	4	25	3	6	5	10	4			9	4	7	5	10	4
5—6	1	4	23	3	6	7	9	5	23	3	9	5	6	6	10	4
4—5	00	0	14	3	7	6	9	7	16	3	8	6	8	6	11	3
3—4	23	1	9	4	8	6	10	8	18	3	8	7	8	6	8	4
2.5—3	18	2	10	4	9	8	9	8	19	4	9	8	9	5	10	4
2—2.5	16	3	10	4	9	7	9	7	23	6	9	6	9	5	9	2
1.5—2	14	4	7	3	7	6	8	5	24	5	9	4	10	4	12	2
1—1.5	6	7	6	4	7	6	7	3	22	5	12	2	12	5	14	1
0.5—1	7	8	5	4	7	6	5	1	21	5	18	1	12	6	16	3
0—0.5	7	9	3	6	6	7	36	2	18	4	27	1	14	6	18	4

km	0—5° S				5—10° S				10—15° S				15—20° S			
19—20	21	7			33	8			8	7			32	1		
18—19	26	5			33	5	6	5	7	3			9	2		
17—18	27	1			3	4	10	4	21	6			23	1		
16—17	25	3			19	5	14	1	30	7			27	19	29	16
15—16	29	5			24	7	28	6	28	10			27	20	27	17
14—15	28	8			23	7	3	4	28	5			28	19	29	18
13—14	29	8			22	5	9	1	27	3			28	19	29	13
12—13	29	5			23	3	25	3	24	6			27	15	28	19
11—12	32	3			32	1	27	3	25	5			27	14	28	19
10—11	36	2			5	1	32	4	25	7			27	14	28	17
9—10	5	3			9	3	34	3	26	4			27	13	27	13
8—9	5	1			10	6	30	5	27	3	32	5	27	12	26	9
7—8	14	1	18	1	10	7	32	1	23	1	30	6	27	10	28	9
6—7	14	5	29	3	8	10	9	2	9	1	21	2	27	8	28	6
5—6	7	3	10	4	8	9	9	2	9	2	21	2	27	5	28	5
4—5	9	5	15	5	8	6	9	4	9	2	33	6	25	3	27	3
3—4	9	5	32	1	7	5	9	6	9	2	32	3	24	2	27	3
2.5—3	9	4	5	6	8	4	8	6	11	3	30	2	14	1	32	5
2—2.5	9	5	12	2	10	4	9	4	12	5	30	2	14	1	33	2
1.5—2	10	5	9	3	12	5	9	2	12	5	24	4	9	2	5	1
1—1.5	12	6	11	5	11	6	5	1	11	5	18	5	9	2	12	2
0.5—1	12	8	15	7	11	8	12	2	11	6	17	4	9	3	13	5
0—0.5	12	7	15	6	12	7	14	4	11	6	18	3	9	4	14	6

	20—25° S				25—30° S				30—35° S				35—40° S			
	westl.		östl.		westl.		östl.		westl.		östl.		westl.		östl.	
km	𝔇	𝔳	𝔇	𝔳	𝔇	𝔳	𝔇	𝔳	𝔇	𝔳	𝔇	𝔳	𝔇	𝔳	𝔇	𝔳
19—20	35	9			23	8			21	9						
18—19	29	10	25	22	24	12			24	14						
17—18	26	18	27	21	23	19			24	13						
16—17	27	21	28	20	23	9			23	17						
15—16	25	14	26	19	21	7	27	35	23	26						
14—15	25	16	25	21	26	9	27	34	23	24						
13—14	25	25	25	23	23	12	27	36	21	28						
12—13	26	28	25	17	23	17	27	30	21	13						
11—12	26	22	27	11	23	13	27	28	21	12						
10—11	26	18	27	10	23	11	26	28	22	9			26	31	26	70
9—10	26	15	28	12	26	30	28	27	35	19			26	20	26	43
8—9	26	13	28	10	25	26	28	22	26	18			26	19	25	42
7—8	26	10	29	6	25	24	28	19	26	20			28	18	24	34
6—7	24	8	28	5	26	24	27	17	24	9			25	17	25	31
5—6	24	6	27	2	25	23	27	11	26	13			26	13	25	26
4—5	23	4	5	1	25	20	25	7	27	12			25	10	25	22
3—4	20	3	9	3	26	15	25	6	28	9			26	13	25	10
2.5—3	18	2	10	4	26	10	25	6	29	7			24	13	27	6
2—2.5	14	1	9	5	26	9	25	3	28	5			24	12	24	2
1.5—2	14	1	10	6	26	7	23	3	27	4	16	6	23	12	25	3
1—1.5	14	1	10	7	26	5	23	3	25	3	14	6	23	8	21	4
0.5—1	12	2	10	8	27	3	18	2	18	1	12	8	24	7	23	4
0—0.5	11	3	11	8	27	1	15	2	14	1	15	8	26	4	22	5

km	40—45° S				45—50° S				60—65° S				65—70° S			
19—20																
18—19																
17—18																
16—17																
15—16																
14—15																
13—14																
12—13																
11—12							30	16								
10—11							30	17								
9—10	26	36			21	38	29	15	23	11						
8—9	24	51			22	30	27	17	22	11						
7—8	26	23			24	20	28	25	21	13						
6—7	26	18			24	22	27	17	20	6			23	20		
5—6	26	12			25	18	26	13	12	4			25	14		
4—5	29	14	30	16	26	14	28	14	32	3			24	16		
3—4	29	13	29	15	27	13	28	12	2	3			25	10		
2.5—3	29	12	29	14	28	13	29	11	33	2			24	10		
2—2.5	29	13	29	14	29	13	30	11	32	1			24	9		
1.5—2	29	13	30	13	29	13	30	10	32	1			23	8		
1—1.5	29	12	29	7	29	12	29	10	36	1			23	8		
0.5—1	29	10	30	10	30	11	30	9	23	3			22	8		
0—0.5	27	10	30	5	30	11	32	8	23	1			23	6		

km	70—75° S															
	westl.		östl.		westl.		östl.		westl.		östl.		westl.		östl.	
	𝔇	𝔳	𝔇	𝔳	𝔇	𝔳	𝔇	𝔳	𝔇	𝔳	𝔇	𝔳	𝔇	𝔳	𝔇	𝔳
19—20																
18—19																
17—18																
16—17																
15—16																
14—15																
13—14																
12—13																
11—12																
10—11																
9—10																
8—9	21	*35*														
7—8	21	*28*														
6—7	20	*22*														
5—6	19	*19*														
4—5	19	*17*														
3—4	19	*12*														
2.5—3	17	*6*														
2—2.5	18	*6*														
1.5—2	19	*7*														
1—1.5	19	*6*														
0.5—1	20	*5*														
0—0.5	21	*5*														

Tabelle 6b. Jahreshälfte November—April

	15—20° N				10—15° N				5—10° N				0—5° N			
	westl.		östl.		westl.		östl.		westl.		östl.		westl.		östl.	
km	𝔇	𝔳	𝔇	𝔳	𝔇	𝔳	𝔇	𝔳	𝔇	𝔳	𝔇	𝔳	𝔇	𝔳	𝔇	𝔳
19—20							26	5	5	1	35	13	31	9	12	6
18—19					3	10	23	10	31	6	36	5	33	10	12	5
17—18			3	6	30	6	23	8	3	4	4	6	34	10	22	5
16—17	27	23	4	11	27	9	26	12	33	7	27	1	32	16	23	9
15—16	30	13	32	8	28	15	27	15	27	13	28	6	28	13	23	14
14—15	29	15	31	5	30	14	27	17	27	12	28	8	27	13	24	10
13—14	30	13	28	11	30	13	27	17	29	11	28	8	27	7	23	6
12—13	32	5	27	14	29	16	27	15	29	11	28	5	27	4	18	4
11—12	34	6	26	16	27	15	26	17	27	9	24	4	14	1	16	5
10—11	27	22	26	17	27	14	26	17	26	6	24	2	12	2	14	6
9—10	28	17	28	19	28	12	26	15	27	4	23	1	8	4	14	4
8—9	30	13	26	18	30	10	26	13	27	2	18	1	9	7	12	5
7—8	29	11	26	15	29	8	25	11	9	1	18	2	9	5	11	3
6—7	28	6	25	11	29	3	25	5	14	1	12	2	9	5	8	4
5—6	27	4	25	7	14	1	25	3	12	2	10	4	9	5	8	4
4—5	25	3	26	4	15	2	23	1	11	3	9	5	8	6	8	5
3—4	23	3	24	4	12	4	14	3	8	4	10	7	7	8	9	9
2.5—3	27	1	24	2	12	6	12	2	9	4	9	7	7	6	7	10
2—2.5	9	1	27	1	10	7	11	3	10	5	8	7	7	6	7	9
1.5—2	8	4	9	1	10	7	8	4	10	5	8	6	7	7	7	7
1—1.5	8	6	6	4	9	8	7	5	9	6	8	4	7	5	8	4
0.5—1	7	7	5	6	8	9	6	6	7	8	6	2	7	5	12	4
0—0.5	7	9	5	8	7	9	4	5	6	8	3	2	6	5	16	3

km	0—5° S				5—10° S				10—15° S				15—20° S			
19—20	36	1			12	2			7	3			12	17		
18—19	5	4	36	4	21	2			8	7			15	16		
17—18	9	4	36	1	18	2			5	8			12	6		
16—17	27	1	26	4	25	3			12	5			15	4		
15—16	28	8	28	13	27	2			12	6			19	4		
14—15	29	11	31	12	23	1			18	4			18	3		
13—14	29	13	36	8	23	3			23	5			15	5		
12—13	29	10	5	4	27	2			23	7			17	4		
11—12	29	6	6	4	28	4			19	4			19	5		
10—11	30	2	9	6	32	1			14	3			16	3		
9—10	00	0	10	6	27	1			12	4			18	3		
8—9	9	3	9	5	9	1			12	2			18	2		
7—8	9	4	10	8	6	2			9	2	10	7	23	1		
6—7	12	2	9	7	9	3			11	3	5	8	31	9		
5—6	9	3	8	6	8	4			3	5	7	7	33	5		
4—5	9	4	11	5	8	4			5	3	10	9	32	3		
3—4	9	6	9	6	7	5	9	3	7	3	10	6	00	0		
2.5—3	9	7	7	9	9	5	9	2	9	3	11	3	12	2		
2—2.5	9	7	6	10	8	5	15	4	7	3	9	2	11	3		
1.5—2	9	6	6	7	8	5	18	1	10	4	14	1	10	4		
1—1.5	8	8	9	3	10	6	12	2	11	5	15	4	9	5		
0.5—1	9	7	15	5	11	8	14	4	11	6	15	5	9	6	14	14
0—0.5	10	6	16	6	12	7	14	4	11	6	15	4	10	6	15	15

km	20—25° S				25—30° S				30—35° S				35—40° S			
	westl.		östl.		westl.		östl.		westl.		östl.		westl.		östl.	
	𝔇	𝔳	𝔇	𝔳	𝔇	𝔳	𝔇	𝔳	𝔇	𝔳	𝔇	𝔳	𝔇	𝔳	𝔇	𝔳
19—20	19	9											27	5		
18—19	24	4											28	8		
17—18	26	8											28	15		
16—17	32	1							23	13			27	14		
15—16	27	4			28	15			25	17			27	15		
14—15	18	6			25	17	32	30	23	22			28	20		
13—14	19	9			26	21	31	19	23	24	27	23	26	22		
12—13	19	12			26	9	32	14	24	22	27	16	27	25		
11—12	20	8			26	17	32	11	25	29	16	11	26	23		
10—11	21	7			25	16	32	7	25	21	18	18	26	22		
9—10	23	6			23	15	32	3	25	30	27	29	25	21		
8—9	25	8			26	9	3	2	25	26	26	28	26	18		
7—8	24	4			25	6	30	2	25	19	25	26	26	17		
6—7	25	3			23	5	3	2	24	14	25	27	27	17		
5—6	27	2	25	5	23	3	8	5	23	10	26	20	25	15		
4—5	30	2	31	5	23	3	7	5	23	10	28	15	25	13		
3—4	30	4	32	4	23	3	8	4	24	9	27	14	25	11		
2.5—3	32	3	34	3	21	2	29	3	26	6	28	11	25	10		
2—2.5	32	3	1	4	14	1	33	2	26	5	28	10	25	8		
1.5—2	34	3	3	5	9	2	36	1	27	4	29	11	24	11		
1—1.5	36	3	5	5	6	2	9	1	27	2	29	10	26	7		
0.5—1	1	4	5	5	12	2	12	5	9	1	28	9	26	6		
0—0.5	4	6	11	5	10	4	13	11	9	2	28	5	26	5		

km	40—45° S				45—50° S				50—55° S				55—60° S			
19—20																
18—19																
17—18																
16—17																
15—16																
14—15									16	12					22	17
13—14									15	14					23	16
12—13									14	16					23	16
11—12									13	16					22	18
10—11									20	25					21	19
9—10							26	46	20	27	25	32	21	29	20	18
8—9							26	36	21	23	25	31	22	26	21	19
7—8							26	30	21	22	25	27	22	24	22	20
6—7							27	27	21	18	26	24	22	22	22	18
5—6							28	25	22	14	26	19	22	16	22	14
4—5							28	23	21	11	29	14	22	14	22	10
3—4					30	25	28	22	21	12	32	15	22	10	21	7
2.5—3	22	6			28	20	27	21	21	11	33	12	21	8	21	6
2—2.5	27	11			28	16	27	20	21	10	32	14	22	6	21	4
1.5—2	25	10			28	14	26	19	22	10	32	12	25	8	19	4
1—1.5	24	9			28	12	26	19	23	10	33	11	25	9	19	4
0.5—1	24	7			27	11	27	19	22	10	33	9	24	7	21	5
0—0.5	25	6			27	11	28	15	21	9	34	7	27	7	20	3

km	60—65° S				70—75° S											
	westl.		östl.		westl.		östl.		westl.		östl.		westl.		östl.	
	𝔇	𝔳	𝔇	𝔳	𝔇	𝔳	𝔇	𝔳	𝔇	𝔳	𝔇	𝔳	𝔇	𝔳	𝔇	𝔳
19—20																
18—19	21	*4*														
17—18	25	*3*														
16—17	22	*5*	30	*5*												
15—16	24	*7*	26	*4*												
14—15	23	*6*	29	*5*												
13—14	22	*6*	23	*14*												
12—13	23	*8*	24	*12*												
11—12	23	*6*	24	*10*												
10—11	23	*8*	25	*5*	7	*14*										
9—10	25	*8*	21	*4*	2	*3*										
8—9	25	*12*	21	*2*	6	*6*										
7—8	24	*12*	15	*2*	6	*7*										
6—7	24	*12*	12	*2*	8	*5*										
5—6	23	*8*	14	*1*	21	*14*										
4—5	23	*7*	32	*1*	21	*12*										
3—4	24	*8*	36	*2*	21	*1*										
2.5—3	24	*6*	3	*4*	23	*5*										
2—2.5	24	*6*	33	*5*	20	*3*										
1.5—2	24	*5*	33	*2*	19	*5*										
1—1.5	21	*4*	5	*1*	20	*3*										
0.5—1	23	*3*	18	*1*	24	*4*										
0—0.5	23	*3*	9	*2*	23	*4*										

Tabelle 7

Streuung der Höhenwinde nach Richtung und Geschwindigkeit, für 10°-Breitenzonen, getrennt für Halbjahre

Breitenzone 10—20° N (60—30° W)

Halbjahr	m/s	1–7	7–14	14–21	21–28	> 28	Σ	1–7	7–14	14–21	21–28	> 28	Σ	1–7	7–14	14–21	21–28	> 28	Σ	1–7	7–14	14–21	21–28	> 28	Σ
		0–0.5 km						1.5–2 km						3–4 km						5–6 km					
V–X	N	4	1	—	—	—	5	3	1	—	—	—	4	2	1	—	—	—	3	2	—	—	—	—	2
	E	8	42	—	—	—	50	8	13	1	—	—	22	3	5	2	—	—	10	4	7	3	—	—	14
	S	4	—	—	—	—	4	4	2	—	—	—	6	1	2	—	—	—	3	—	—	—	—	—	—
	W	—	—	*85° 14, 70° 14*			—	—	—	—	*99° 15*		—	—	1	—	*86° 21*		1	—	—	—	*52° 20*		—
	Σ	16	43	—	—	—	59	15	16	1	—	—	32	6	9	2	—	—	17	6	7	3	—	—	16
XI–IV	N	—	9	—	—	—	9	6	1	—	—	—	7	3	1	—	—	—	4	1	2	—	—	—	3
	E	18	37	2	—	—	57	10	26	6	—	—	42	9	8	—	—	—	17	8	3	—	—	—	11
	S	—	1	—	—	—	1	3	3	—	—	—	6	7	6	—	—	—	13	6	1	—	—	—	7
	W	—	—	—	*67° 15*		—	3	5	—	*78° 19, 95° 19*		8	7	7	—	*56° 12*		14	3	7	2	*260° 17*		12
	Σ	18	47	2	—	—	67	22	35	6	—	—	63	26	22	—	—	—	48	18	13	2			33
		7–8 km						9–10 km						11–12 km						13–14 km					
V–X	N	2	1	—	—	—	3	—	—	—	—	—	—	1	—	—	—	—	1						
	E	4	5	—	—	—	9	—	2	1	—	—	3	—	3	—	—	—	3						
	S	2	—	—	—	—	2	2	—	—	—	—	2	—	—	—	—	—	—						
	W	—	—	—	*82° 11*		—	1	—	—	*125° 16*		1	—	—	—	*73° 14*		—						
	Σ	8	6	—	—	—	14	3	2	1	—	—	6	1	3	—	—	—	4						
XI–IV	N	4	3	—	—	—	7	—	2	2	—	—	4	—	—	1	—	—	1	—	1	1	—	—	2
	E	2	1	—	—	—	3	—	2	—	—	—	2	1	—	—	—	—	1	—	—	—	—	—	—
	S	2	2	—	—	—	4	—	1	—	*252° 40*		1	—	—	—	—	*272°*	—	—	—	—	—	*257°*	—
	W	1	4	4	2	*290° 27*	11	2	2	6	1	1	12	1	1	2	4	*25*	8	—	—	1	1	*26*	2
	Σ	9	10	4	2	—	25	2	7	8	1	1	19	2	1	3	4	—	10	—	1	2	1	—	4

Breitenzone 10—20° N (30—15° W)

Halbjahr	m/s	1–7	7–14	14–21	21–28	> 28	Σ	1–7	7–14	14–21	21–28	> 28	Σ	1–7	7–14	14–21	21–28	> 28	Σ	1–7	7–14	14–21	21–28	> 28	Σ
		0–0.5 km						1.5–2 km						3–4 km						5–6 km					
V–X	N	125	93	2	—	—	220	30	17	1	—	—	48	12	6	—	—	—	18	12	1	—	—	—	13
	E	68	49	1	—	—	118	87	88	10	—	—	185	41	50	16	1	—	108	23	19	1	—	—	43
	S	16	—	—	—	—	16	50	10	1	—	—	61	23	10	4	—	—	37	13	6	—		—	19
	W	37	8	—	*37° 16*		45	17	7	1	*63° 21*		25	12	6	—	*87° 21*		18	14	6	—	*87° 21*		20
	Σ	246	150	3			399	184	122	13	—	—	319	88	72	20	1	—	181	62	32	1	—	—	95
XI–IV	N	91	161	3	—	—	255	51	25	—	—	—	76	23	7	1	—	—	31	12	4	—	—	—	16
	E	65	102	11	—	—	178	106	71	7	1	—	185	49	42	4	—	—	95	17	11	5	—	—	33
	S	11	—	—	—	—	11	37	18	—	—	*68°*	55	40	12	6	—	*246°*	58	18	12	3	—	*246°*	33
	W	14	1	—	*45° 19*		15	48	16	3	1	*23*	68	41	38	9	1	*22*	89	30	46	20	1	*22*	97
	Σ	181	264	14	—	—	459	242	130	10	2	—	384	153	99	20	1	—	273	77	73	28	1	—	179
		7–8 km						9–10 km						11–12 km						13–14 km					
V–X	N	7	—	—	—	—	7	2	2	1	—	—	5	1	2	1	—	—	4	1	2	—	—	—	3
	E	10	12	—	—	—	22	5	11	—	—	—	16	1	5	6	—	—	12	—	4	1	—	—	5
	S	8	4	1	—	—	13	2	5	—	—	—	7	1	4	1	1	—	7	1	1	—	1	*240°*	3
	W	7	11	—	*228° 15*		18	3	11	5	*227° 21*		19	3	5	5	*210° 22*		13	1	3	4	1	*18*	9
	Σ	32	27	1	—	—	60	12	29	6	—	—	47	6	16	13	1	—	36	3	10	5	2	—	20
XI–IV	N	3	—	—	—	—	3	3	1	—	—	1	5	1	1	—	—	—	2	—	2	—	—	—	2
	E	6	4	1	—	—	11	2	2	—	—	—	4	—	1	1	—	—	2	—	—	—	—	*254°*	—
	S	3	6	1	*240° 38*		10	4	2	2	*250° 42*		8	2	1	1	*275° 42*		4	—	—	1	1	*36*	2
	W	11	32	27	15	5	90	2	14	14	8	10	48	4	4	7	7	7	29	1	5	6	4	1	17
	Σ	23	42	29	15	5	114	11	19	16	8	11	65	7	7	9	7	7	37	1	7	7	5	1	21

Breitenzone 0°—10° N (60—30° W)

Halbjahr	m/s	1–7	7–14	14–21	21–28	> 28	Σ	1–7	7–14	14–21	21–28	> 28	Σ	1–7	7–14	14–21	21–28	> 28	Σ	1–7	7–14	14–21	21–28	> 28	Σ
		0–0.5 km						1.5–2 km						3–4 km						5–6 km					
V–X	N	3	—	—	—	—	3	3	1	—	—	—	4	4	2	—	—	—	6	5	3	—	—	—	8
	E	20	15	—	—	—	35	15	17	—	—	—	32	14	16	2	—	—	32	10	6	1	—	—	17
	S	11	17	—	—	—	28	15	2	—	—	—	17	2	2	—	—	—	4	1	—	—	—	—	1
	W	—	—		*127° 10, 150° 10*		—	5	1	—	*97° 12*		6	—	1	—	*76° 18*		1	1	—	—	*68° 18*		1
	Σ	34	32	—	—	—	66	38	21	—	—	—	59	20	21	2	—	—	43	17	9	1	—	—	27
XI–IV	N	18	10	1	—	—	29	1	2	—	—	—	3	5	2	—	—	—	7	6	—	—	—	—	6
	E	24	30	—	—	—	54	27	41	2	—	—	70	18	28	1	—	—	47	18	12	—	—	—	30
	S	7	4	—	—	—	11	10	2	1	—	—	13	5	—	—	—	—	5	6	1	—	—	—	7
	W	1	1	—	*43° 17*		2	1	—	—	*93° 16*		1	—	—	—	*85° 17*		—	2	1	—	*264° 12*		3
	Σ	50	45	1	—	—	96	39	45	3	—	—	87	28	30	1	—	—	59	32	14	—	—	—	46
		7–8 km						9–10 km						11–12 km						13–14'km					
V–X	N	—	1	—	—	—	1	2	2	—	—	—	4	1	1	—	—	—	2	—	2	—	—	—	2
	E	8	6	—	—	—	14	2	2	2	—	—	6	1	1	1	—	—	3	—	—	—	—	—	—
	S	2	2	—	—	—	4	3	1	—	—	—	4	—	2	—	—	—	2	1	—	—	—	*259°*	1
	W	—	1	—	*86° 12*		1	—	1	—	*106° 18*		1	1	3	—	*67° 15*		4	1	—	1	1	*23*	3
	Σ	10	10	—	—	—	20	7	6	2	—	—	15	3	7	1	—	—	11	2	2	1	1	—	6
XI–IV	N	1	2	—	—	—	3	1	1	1	—	—	3	1	3	—	—	—	4	1	5	—	—	—	6
	E	5	5	3	—	—	13	4	2	1	—	—	7	—	3	—	—	—	3	—	1	—	—	—	1
	S	4	—	—	—	—	4	1	3	—	—	—	4	—	2	1	*282° 30*		3	—	—	—	*257° 29*		—
	W	2	6	1	*292° 17*		9	1	7	3	*260° 18*		11	—	5	5	1	1	12	—	3	4	1	1	9
	Σ	12	13	4	—	—	29	7	13	5	—	—	25	1	13	6	1	1	22	1	9	4	1	1	16

Breitenzone 0°—10° N (30° W—0°)

Halbjahr	m/s	1–7	7–14	14–21	21–28	> 28	Σ	1–7	7–14	14–21	21–28	> 28	Σ	1–7	7–14	14–21	21–28	> 28	Σ	1–7	7–14	14–21	21–28	> 28	Σ
		0–0.5 km						1.5–2 km						3–4 km						5–6 km					
V–X	N	52	23	—	—	—	75	37	4	—	—	—	41	9	2	1	—	—	12	16	5	2	—	—	23
	E	74	24	—	—	—	98	107	86	5	—	—	198	69	80	10	1	—	160	41	38	3	—	—	82
	S	102	46	—	—	—	148	33	6	—	—	—	39	15	—	—	—	—	15	8	1	—	—	—	9
	W	37	4	—	*360° 12*		41	19	2	—	*83° 18*		21	5	—	—	*61° 23*		5	2	—	—	*86° 18*		2
	Σ	265	97	—	—	—	362	196	98	5	—	—	299	98	82	11	1	—	192	67	44	5	—	—	116
XI–IV	N	106	62	—	—	—	168	16	6	—	—	—	22	16	1	—	—	—	17	14	3	—	—	—	17
	E	84	44	—	—	—	128	118	148	14	—	—	280	71	91	9	—	—	171	30	33	—	—	—	63
	S	57	26	—	*40° 13*		83	15	—	—	—	—	15	19	5	—	—	—	24	11	5	—	—	—	16
	W	11	3	—	*136° 13*		14	5	1	—	*100° 19*		6	7	1	—	*91° 17*		8	18	7	1	*265° 15*		26
	Σ	258	135	—	—	—	393	154	155	14	—	—	323	113	98	9	—	—	220	73	48	1	—	—	122
		7–8 km						9–10 km						11–12 km						13–14 km					
V–X	N	6	2	1	—	—	9	4	4	1	—	—	9	1	5	—	—	—	6	2	—	—	—	—	2
	E	17	19	3	—	—	39	7	12	3	—	—	22	2	10	1	2	—	15	1	5	3	—	—	9
	S	12	1	—	—	—	13	6	2	—	*327° 17*		8	—	2	1	—	—	3	—	2	—	—	—	2
	W	2	—	—	*23° 20*		2	3	—	—	*80° 17*		3	1	4	2	*97° 23*		7	—	1	1	*290° 18*		2
	Σ	37	22	4	—	—	63	20	18	4	—	—	42	4	21	4	2	—	31	3	8	4	—	—	15
XI–IV	N	5	1	—	—	—	6	3	3	1	—	—	7	2	1	—	—	—	3	3	1	—	—	—	4
	E	16	10	1	—	—	27	12	5	1	—	—	18	2	5	1	—	—	8	—	—	—	—	—	—
	S	9	5	—	*243° 25*		14	9	8	1	*263° 30*		18	6	7	1	*296° 23*		14	3	2	—	*290° 46*		5
	W	15	6	3	2	—	24	3	5	2	—	1	11	4	2	1	2	—	9	4	5	3	—	1	13
	Σ	45	22	4	2	—	73	27	21	5	—	1	54	14	15	3	2	—	34	10	8	3	—	1	22

Breitenzone 0°—10° S (40—20° W)

Halbjahr	m/s	1–7	7–14	14–21	21–28	> 28	Σ	1–7	7–14	14–21	21–28	> 28	Σ	1–7	7–14	14–21	21–28	> 28	Σ	1–7	7–14	14–21	21–28	> 28	Σ
		0–0.5 km						1.5–2 km						3–4 km						5–6 km					
V—X	N	2	1	—	—	—	3	10	—	—	—	—	10	42	9	—	—	—	51	21	6	1	—	—	28
	E	117	184	2	—	—	303	136	102	4	—	—	242	100	55	3	—	—	158	54	53	6	—	—	113
	S	38	62	1	—	—	101	58	23	—	—	—	81	28	3	1	—	—	32	12	3	—	—	—	15
	W	—	—	—	*101° 20*		—	19	—	—	*104° 16*		19	10	4	—	*86° 17*		14	9	1	—	*81° 18*		10
	Σ	157	247	3	—	—	407	223	125	4	—	—	352	180	71	4	—	—	255	96	63	7	—	—	166
XI—IV	N	9	6	—	—	—	15	13	1	1	—	—	15	35	5	—	—	—	40	16	2	1	—	—	19
	E	203	173	1	—	—	377	196	139	3	1	—	339	107	99	2	—	—	208	58	47	2	—	—	107
	S	39	20	2	—	—	61	44	8	1	—	—	53	14	12	—	—	—	26	20	13	—	—	—	33
	W	1	—	—	*148° 16*		1	7	1	—	*100° 21*		8	15	—	—	*81° 18*		15	17	5	—	*132° 17*		22
	Σ	252	199	3	—	—	454	260	149	5	1	—	415	171	116	2	—	—	289	111	67	3	—	—	181
		7–8 km						9–10 km						11–12 km						13–14 km					
V—X	N	5	3	—	—	—	8	5	8	4	—	—	17	5	8	2	—	—	15	5	2	1	—	—	8
	E	20	23	7	—	—	50	10	13	1	—	—	24	3	4	3	—	—	10	1	1	1	—	—	3
	S	14	3	1	—	—	18	6	8	—	—	—	14	6	3	—	—	—	9	6	2	—	*278° 24*		8
	W	19	5	1	*208° 20*		25	8	7	4	*50° 21*		19	3	10	8	*316° 21*		21	2	7	5	3	—	17
	Σ	58	34	9	—	—	101	29	36	9	—	—	74	17	25	13	—	—	55	14	12	7	3	—	36
XI—IV	N	14	9	—	—	—	23	8	5	2	—	—	15	2	9	3	—	—	14	5	2	3	—	—	10
	E	24	26	1	—	—	51	15	10	2	—	—	27	4	3	2	*281° 23*		9	2	2	—	*289° 31*		4
	S	11	11	—	*286° 25*		22	11	7	4	*287° 22*		22	5	8	3	1	—	17	3	4	1	1	—	9
	W	12	20	2	1	—	35	12	11	5	1	—	29	7	11	7	1	—	26	6	8	12	4	1	31
	Σ	61	66	3	1	—	131	46	33	13	1	—	93	18	31	15	2	—	66	16	16	16	5	1	54

Breitenzone 0°—10° S (20° W—15° E)

Halbjahr	m/s	1–7	7–14	14–21	21–28	> 28	Σ	1–7	7–14	14–21	21–28	> 28	Σ	1–7	7–14	14–21	21–28	> 28	Σ	1–7	7–14	14–21	21–28	> 28	Σ
		0–0.5 km						1.5–2 km						3–4 km						5–6 km					
V—X	N	1	—	—	—	—	1	6	—	—	—	—	6	—	—	—	—	—	—	3	1	—	—	—	4
	E	9	9	—	—	—	18	10	2	—	—	—	12	6	8	—	—	—	14	2	3	—	—	—	5
	S	14	5	—	—	—	19	3	1	—	—	—	4	2	—	—	—	—	2	—	4	—	—	—	4
	W	6	—	—	*123° 10*		6	3	—	—	*149° 8*		3	—	—	—	*99° 10*		—	—	—	—	*187° 12*		—
	Σ	30	14	—	—	—	44	22	3	—	—	—	25	8	8	—	—	—	16	5	8	—	—	—	13
XI—IV	N	—	—	—	—	—	—	7	5	—	—	—	12	2	—	—	—	—	2	—	—	—	—	—	—
	E	—	2	—	—	—	2	7	16	1	—	—	24	14	14	—	—	—	28	8	8	1	—	—	17
	S	25	14	—	—	—	39	—	—	—	—	—	—	—	—	—	—	—	—	—	—	—	—	—	—
	W	—	—	—	*159° 9*		—	—	—	—	*72° 14*		—	—	—	—	*80° 13*		—	—	—	—	*70° 15*		—
	Σ	25	16	—	—	—	41	14	21	1	—	—	36	16	14	—	—	—	30	8	8	1	—	—	17

Breitenzone 10—20° S (40—20° W)

Halbjahr	m/s	1–7	7–14	14–21	21–28	> 28	Σ	1–7	7–14	14–21	21–28	> 28	Σ	1–7	7–14	14–21	21–28	> 28	Σ	1–7	7–14	14–21	21–28	> 28	Σ
		0–0.5 km						1.5–2 km						3–4 km						5–6 km					
V—X	N	27	10	—	—	—	37	35	7	—	—	—	42	25	6	—	1	—	32	16	4	—	—	—	20
	E	143	66	1	—	—	210	105	37	1	—	—	143	56	22	2	—	—	80	23	8	2	—	—	33
	S	34	13	1	—	—	48	44	19	2	—	—	65	39	8	1	—	1	49	12	15	—	1	*109°*	28
	W	1	—	—	*188° 18*		1	17	3	—	*177° 21*		20	31	22	2	*145° 30*		55	25	22	4	2	*21*	53
	Σ	205	89	2	—	—	296	201	66	3	—	—	270	151	58	5	1	1	216	76	49	6	3	—	134
XI—IV	N	37	42	2	—	—	81	54	12	—	—	—	66	38	8	1	—	—	47	23	9	—	—	—	32
	E	135	62	—	—	—	197	126	17	2	—	—	145	69	16	—	—	—	85	32	24	—	—	—	56
	S	12	5	—	—	—	17	39	7	—	—	—	46	39	1	—	—	—	40	22	7	—	—	—	29
	W	2	1	—	*345° 16*		3	19	2	—	*76° 18*		21	36	7	—	*340° 16*		43	19	16	—	*15° 13*		35
	Σ	186	110	2	—	—	298	238	38	2	—	—	278	182	32	1	—	—	215	96	56	—	—	—	152

Fortsetzung: Breitenzone 10—20° S (40—20° W)

Halbjahr	m/s	1–7	7–14	14–21	21–28	> 28	Σ	1–7	7–14	14–21	21–28	> 28	Σ	1–7	7–14	14–21	21–28	> 28	Σ	1–7	7–14	14–21	21–28	> 28	Σ
		7–8 km						9–10 km						11–12 km						13–14 km					
V–X	N	3	3	—	—	—	6	5	—	1	1	—	7	2	1	—	—	—	3	1	1	—	—	—	2
	E	6	3	2	—	—	11	2	—	1	—	—	3	—	1	1	*288°*	*38*	2	1	—	1	—	—	2
	S	11	12	1	—	*263°*	24	5	6	2	*272°*	*30*	13	2	2	1	1	—	6	1	1	—	*291°*	*55*	2
	W	13	17	9	4	*28*	43	3	15	12	4	2	36	1	8	10	1	4	24	2	1	4	1	4	12
	Σ	33	35	12	4	—	84	15	21	16	5	2	59	5	12	12	2	4	35	5	3	5	1	4	18
XI —IV	N	11	6	1	—	—	18	5	4	—	—	—	9	2	2	—	—	—	4	2	—	—	—	—	2
	E	16	16	2	—	*282°*	34	11	9	3	—	*193°*	23	1	6	2	*199°*	*35*	9	1	4	—	*272°*	*26*	5
	S	9	10	2	—	*24*	21	7	8	7	2	*26*	24	4	2	3	2	1	12	2	3	1	—	—	6
	W	14	10	2	1	—	27	5	4	2	1	—	12	5	9	3	—	—	17	3	—	3	1	—	7
	Σ	50	42	7	1	—	100	28	25	12	3	—	68	12	19	8	2	1	42	8	7	4	1	—	20

Breitenzone 10—20° S (20° W—15° E)

Halbjahr	m/s	1–7	7–14	14–21	21–28	> 28	Σ	1–7	7–14	14–21	21–28	> 28	Σ	1–7	7–14	14–21	21–28	> 28	Σ	1–7	7–14	14–21	21–28	> 28	Σ
		0–0.5 km						1.5–2 km						3–4 km						5–6 km					
V–X	N	—	—	—	—	—	—	2	4	1	—	—	7	1	—	—	—	—	1	3	1	—	—	—	4
	E	11	13	—	—	—	24	7	5	—	—	—	12	5	—	—	—	—	5	3	—	—	—	—	3
	S	4	7	—	—	—	11	2	4	—	—	—	6	4	—	—	—	—	4	—	—	—	*260°*	*19*	—
	W	2	—	—	*103°*	*13*	2	—	—	—	*330°*	*16*	—	2	5	—	*308°*	*13*	7	3	4	1	—	—	8
	Σ	17	20	—	—	—	37	11	13	1	—	—	25	12	5	—	—	—	17	9	5	1	—	—	15

Breitenzone 20—30° S (50—20° W)

Halbjahr	m/s	1–7	7–14	14–21	21–28	> 28	Σ	1–7	7–14	14–21	21–28	> 28	Σ	1–7	7–14	14–21	21–28	> 28	Σ	1–7	7–14	14–21	21–28	> 28	Σ
		0–0.5 km						1.5–2 km						3–4 km						5–6 km					
V–X	N	17	37	3	—	—	57	21	21	—	—	—	42	17	7	1	—	—	25	4	1	2	—	—	7
	E	18	19	3	—	—	40	19	8	—	*267°*	*30*	27	8	4	—	*270°*	*31*	12	4	1	—	*248°*	*36*	5
	S	23	27	1	—	—	51	17	11	2	—	—	30	9	13	3	—	—	25	4	10	5	—	—	19
	W	21	11	5	*303°*	*20*	37	26	26	7	1	1	61	21	18	10	1	1	51	9	17	10	4	3	43
	Σ	79	94	12	—	—	185	83	66	9	1	1	160	55	42	14	1	1	113	21	29	17	4	3	74
XI —IV	N	19	32	3	—	—	54	29	12	—	—	—	41	14	7	1	—	—	22	6	7	—	—	—	13
	E	29	15	2	—	—	46	14	—	—	—	—	14	16	—	—	*227°*	*28*	16	9	3	—	*289°*	*18*	12
	S	23	8	—	*13°*	*17*	31	11	4	—	—	—	15	12	4	1	1	—	18	13	7	1	—	—	21
	W	5	2	1	—	—	8	31	20	4	*314°*	*17*	55	21	19	4	3	1	48	6	15	5	—	—	26
	Σ	76	57	6	—	—	139	85	36	4	—	—	125	63	30	6	4	1	104	34	32	6	—	—	72
		7–8 km						9–10 km						11–12 km						13–14 km					
V–X	N	2	—	—	—	—	2	1	—	—	*244°*	*55*	1	1	—	—	—	—	1	—	—	—	—	—	—
	E	1	1	—	*284°*	*30*	2	—	—	—	*279°*	*55*	—	—	—	—	*260°*	*39*	—	—	—	—	*270°*	*38*	—
	S	5	6	6	1	—	18	2	6	2	3	1	14	1	4	1	2	—	8	—	1	2	—	—	3
	W	1	5	9	2	1	18	—	1	3	10	5	19	—	2	—	5	6	13	1	1	2	—	4	8
	Σ	9	12	15	3	1	40	3	7	5	13	6	34	2	6	1	7	6	22	1	2	4	—	4	11
XI —IV	N	3	4	—	—	—	7	1	—	—	*274°*	*33*	1	—	—	—	—	*268°*	*33*	—	—	—	—	—	—
	E	5	2	2	*279°*	*24*	9	1	2	1	1	—	5	1	1	2	—	1	5	—	1	1	—	—	2
	S	2	7	1	1	—	11	—	1	4	1	—	6	—	—	—	1	—	1	—	—	—	*266°*	*30*	—
	W	5	8	6	2	—	21	2	7	2	4	2	17	—	3	3	4	1	11	—	—	3	2	1	6
	Σ	15	21	9	3	—	48	4	10	7	6	2	29	1	4	5	5	2	17	—	1	4	2	1	8

Breitenzone 20—30° S (20° W—20° E)

Halbjahr	m/s	1–7	7–14	14–21	21–28	> 28	Σ	1–7	7–14	14–21	21–28	> 28	Σ	1–7	7–14	14–21	21–28	> 28	Σ	1–7	7–14	14–21	21–28	> 28	Σ
		0–0.5 km						1.5–2 km						3–4 km						5–6 km					
V—X	N	11	1	—	—	—	12	7	1	2	—	—	10	—	3	1	—	—	4	1	1	—	1	—	3
	E	21	21	1	—	—	43	11	19	1	—	—	31	4	12	1	—	—	17	4	3	—	—	—	7
	S	6	15	—	1	—	22	3	4	2	—	—	9	3	4	—	*229^0 17*		7	—	5	—	*317^0 24*		5
	W	3	6	—	*174^0 23*		9	6	5	1	*328^0 21*		12	5	5	4	*297^0 17*		14	5	7	3	1	—	16
	Σ	41	43	1	1	—	86	27	29	6	—	—	62	12	24	6	—	—	42	10	16	3	2	—	31
		7–8 km						9–10 km						11–12 km						13–14 km					
V—X	N	1	1	—	*309^0 28*		2	1	—	1	—	—	2	—	—	1	—	—	1	—	—	—	—	—	—
	E	2	3	1	—	—	6	—	—	—	*256^0 41*		—	—	—	—	*257^0 32*		—	—	—	—	*232^0 54*		—
	S	1	2	2	—	—	5	—	4	2	—	—	6	—	2	2	2	—	6	—	—	—	1	1	2
	W	—	4	9	2	1	16	—	2	5	4	1	12	—	1	1	3	3	8	—	—	3	2	5	10
	Σ	4	10	12	2	1	29	1	6	8	4	1	20	—	3	4	5	3	15	—	—	3	3	6	12

Breitenzone 30—40° S (50° W—10° E)

Halbjahr	m/s	1–7	7–14	14–21	21–28	> 28	Σ	1–7	7–14	14–21	21–28	> 28	Σ	1–7	7–14	14–21	21–28	> 28	Σ	1–7	7–14	14–21	21–28	> 28	Σ
		0–0.5 km						1.5–2 km						3–4 km						5–6 km					
XI—IV	N	3	3	6	1	—	13	3	6	2	—	—	11	1	1	—	1	—	3	—	1	—	—	—	1
	E	2	5	1	—	—	8	1	—	—	*313^0 24*		1	—	—	—	—	—	—	—	—	—	*225^0 27*		—
	S	8	3	2	—	—	13	2	—	—	—	—	2	1	2	—	*255^0 29*		3	—	1	1	—	—	2
	W	3	11	10	*357^0 23*		24	8	11	4	2	—	25	—	6	6	3	1	16	1	2	4	4	—	11
	Σ	16	22	19	1	—	58	14	17	6	2	—	39	2	9	6	4	1	22	1	4	5	4	—	14

Breitenzone 40—50° S (50° W—10° E)

Halbjahr	m/s	1–7	7–14	14–21	21–28	> 28	Σ	1–7	7–14	14–21	21–28	> 28	Σ	1–7	7–14	14–21	21–28	> 28	Σ	1–7	7–14	14–21	21–28	> 28	Σ
		0–0.5 km						1.5–2 km						3–4 km						4–5 km					
V—X	N	3	7	14	—	—	24	2	3	1	—	—	6	—	4	—	—	—	4	1	2	1	—	—	4
	E	—	—	1	*238^0 21*		1	—	—	—	*307^0 25*		—	—	—	—	*295^0 27*		—	—	—	—	*289^0 31*		—
	S	4	3	3	*301^0 21*		10	—	1	—	—	—	1	—	1	—	—	—	1	—	—	1	—	—	1
	W	2	13	10	3	—	28	2	4	4	3	—	13	1	1	2	2	—	6	—	—	1	—	1	2
	Σ	9	23	28	3	—	63	4	8	5	3	—	20	1	6	2	2	—	11	1	2	3	—	1	7

Breitenzone 50—60° S (50° W—10° E)

Halbjahr	m/s	1–7	7–14	14–21	21–28	> 28	Σ	1–7	7–14	14–21	21–28	> 28	Σ	1–7	7–14	14–21	21–28	> 28	Σ	1–7	7–14	14–21	21–28	> 28	Σ
		0–0.5 km						1.5–2 km						3–4 km						5–6 km					
XI—IV	N	2	—	1	—	—	3	1	—	—	—	—	1	1	—	—	—	—	1	—	—	—	—	—	—
	E	2	1	—	—	—	3	—	1	—	—	—	1	—	1	—	—	—	1	—	1	—	—	—	1
	S	5	7	2	*230^0 15*		14	3	3	1	—	—	7	—	4	2	—	—	6	—	1	4	*233^0 25*		5
	W	7	11	2	*3^0 15*		20	2	7	2	*230^0 16*		11	1	—	2	*235^0 20*		3	—	1	—	1	—	2
	Σ	16	19	5	—	—	40	6	11	3	—	—	20	2	5	4	—	—	11	—	3	4	1	—	8

Breitenzone 60—70° S (50° W—10° E)

Halbjahr	m/s	1–7	7–14	14–21	21–28	> 28	Σ	1–7	7–14	14–21	21–28	> 28	Σ	1–7	7–14	14–21	21–28	> 28	Σ	1–7	7–14	14–21	21–28	> 28	Σ
		0–0.5 km						1.5–2 km						3–4 km						5–6 km					
XI—IV	N	7	5	—	—	—	12	5	1	—	—	—	6	1	1	—	—	—	2	—	—	—	—	—	—
	E	12	6	—	—	—	18	3	1	—	—	—	4	1	1	—	—	—	2	2	—	—	—	—	2
	S	19	13	—	*251^0 18*		32	7	4	—	*228^0 17*		11	1	5	2	—	—	8	2	1	2	—	—	5
	W	14	17	1	—	—	32	7	13	2	—	—	22	5	5	6	*285^0 18*		16	—	3	1	*280^0 20*		4
	Σ	52	41	1	—	—	94	22	19	2	—	—	43	8	12	8	—	—	28	4	4	3	—	—	11

Breitenzone 70—75° S (50—20° W)

Halbjahr	m/s	1–7	7–14	14–21	21–28	> 28	Σ	1–7	7–14	14–21	21–28	> 28	Σ	1–7	7–14	14–21	21–28	> 28	Σ	1–7	7–14	14–21	21–28	> 28	Σ
		0–0.5 km						1.5–2 km						3–4 km						5–6 km					
XI—IV	N	7	1	—	—	—	8	4	1	—	—	—	5	1	3	1	—	—	5	—	—	—	—	—	—
	E	3	3	—	—	—	6	2	2	—	—	—	4	1	1	—	—	—	2	—	1	1	*223^0 26*		2
	S	11	2	—	—	—	13	3	4	1	—	—	8	1	3	2	*42^0 19*		6	—	—	3	3	—	6
	W	7	—	—	*94^0 12*		7	3	2	—	*215^0 16*		5	—	2	1	*198^0 19*		3	1	2	—	1	—	4
	Σ	28	6	—	—	—	34	12	9	1	—	—	22	3	9	4	—	—	16	1	3	4	4	—	12

Wissenschaftliche Ergebnisse der deutschen Atlantischen Expedition

auf dem Forschungs- und Vermessungsschiff „Meteor" 1925-1927

Übersicht über die erschienenen Teile

Liefermöglichkeiten vorbehalten; Bände ohne Preisangabe sind vergriffen.

1\. Bd. Das Forschungsschiff und seine Reise. Von Fritz Spieß. Mit Beiträgen von Hans Maurer, Kurt Hessen † und den Mitgliedern der Expedition Karl Kraft und Johannes Nixdorff. Mit 82 Abb. im Text, 1 Gravüre und 106 Autotypien auf 54 Taf. u. 18 Kartenbeilagen. — XII, 442 S. 1932

2\. Bd. Die Echolotungen des „Meteor". Von Hans Maurer. Unter Mitarb. von Theodor Stocks. Mit 23 Abb. im Text, 4 Taf. mit 7, teilw. autotypischen Abb. u. 32, teilw. farb. Beilagen. — IX, 309 S. . . . . . 1933 DM 75,—

3\. Bd. I. Teil. Morphologie des Atlantischen Ozeans.

1\. Lfg.: Die Tiefenverhältnisse des offenen Atlantischen Ozeans. Von Th. Stocks und G. Wüst. Mit 11 Abb. im Text, 3, teilw. autotyp. Abb. auf 2 Taf. u. einer mehrfarb. Beilage. — 32 S. . . . . . 1935 DM 8,20

2\. Lfg.: Statistik der Tiefenstufen des Atlantischen Ozeans. Von Theodor Stocks. Mit 49 Abb. im Text u. 4 teilw. farb. Beilagen. — 118 S. 1938

4\. Lfg. (1): Grundkarte der ozeanischen Lotungen 1 : 5 Mill.

Blatt S I 2 1938
Blatt S II 1 . . . . . . 1941 DM 4,50
Blatt S II 2 1937
Blatt S II 3 1941

II. Teil. Die Sedimente des Südatlantischen Ozeans.

1\. Lfg.: Gewinnung und Bearbeitung der Bodenproben. Von O. Pratje. Mit 11, teilw. autotyp. Textabb. u. 6 Autotypien auf 2 Taf. — 56 S. 1935

2\. Lfg.: Die Untersuchungsergebnisse nach Stationen. Von Otto Pratje . 1939 DM 24,75

III. Teil. Die Sedimente des äquatorialen Atlantischen Ozeans. Von C. W. Correns, mit Beiträgen von W. Schott, V. Leinz u. O. E. Radczewski. Mit 107 Abb. im Text, 13 autotyp. Abb. auf 4 Taf. u. 3 Beilagen. — XII, 208 S. . . . 1937 Lfg. 1: (ohne Beil.) DM 26,25 Lfg. 2: DM 30,—

4\. Bd. I. Teil. Ozeanographische Methoden und Instrumente. Von Georg Wüst, Günther Böhnecke u. Hans H. F. Meyer. Mit 55 Abb. im Text, 17 Autotypien auf 9 Taf. u. 5 Beilagen. — XII, 298 S. . . . . . 1932 DM 64,50

II. Teil. Das ozeanographische Beobachtungsmaterial (Serienmessungen. Beobachtet von den Ozeanographen der Expedition: G. Böhnecke, A. Schuhmacher, G. Wüst (auf den Profilen I—XIV); A. Defant (auf den Profilen XII—XIV); H. H. F. Meyer (auf den Profilen III—XI). Unter Mitarb. von G. Böhnecke u. Hilfsarbeitern aufbereitet und erl. von Georg Wüst. Mit 2 Abb. im Text. — VII, 290 S. . . . . . 1932 DM 58,50

5\. Bd. Temperatur, Salzgehalt und Dichte an der Oberfläche des Atlantischen Ozeans.

1\. Lfg.: Das Beobachtungsmaterial und seine Aufbereitung. Von Günther Böhnecke, Mitglied der Expedition. Mit 4 Abb. im Text. — 186 S. . . . 1936 DM 40,50

2\. Lfg.: Die Temperatur. Von Günther Böhnecke. Mit 21 Abb. im Text 1938

Atlas Von Günther Böhnecke. Mit 74 meist mehrf. Karten — VII S. 1936

6\. Bd. I. Teil. Schichtung und Zirkulation des Atlantischen Ozeans. (Das Bodenwasser und die Stratosphäre. Von Georg Wüst. — Die Troposphäre. Von Albert Defant.) Mit 76 Textabb. u. 54, meist mehrf. Beilagen. — XII, 411 S. . . . . . 1936 nur Lfg. 1: DM 30,—

II. Teil. Quantitative Untersuchungen zur Statik und Dynamik des Atlantischen Ozeans.

1\. Lfg.: Die Stabilitätsverhältnisse. Von O. v. Schubert. Mit 11 Abb. im Text und 7 teils farb. Beilagen 1935

2\. Lfg.: Ausbreitungs- und Vermischungsvorgänge im antarktischen Bodenstrom und im subantarktischen Zwischenwasser. Von A. Defant. Mit 17 Abb. im Text und 2 Beilagen 1936

3\. Lfg.: Die dynamischen Werte für die Standardhorizonte an den Beobachtungsstationen. Unter Mitarbeit von A. Defant mitgeteilt und erläutert von G. Wüst. 1 Abb. im Text — 86 S. 1938

4\. Lfg.: Die relative Topographie einzelner Druckflächen im Atlantischen Ozean. Von Albert Defant. Mit 2 Abb. u. 9 Beilagen 1941

5\. Lfg.: Die absolute Topographie des physikalischen Meeresniveaus und der Druckflächen, sowie Wasserbewegungen im Atlantischen Ozean. Von A. Defant. Mit 52 Abb. u. 10 Beilagen 1941

Atlas zur Schichtung und Zirkulation des Atlantischen Ozeans. Schnitte u. Karten von Temperatur, Salzgehalt u. Dichte. Bearb. von Georg Wüst u. Albert Defant. Nebst 1 vereinfachten Tiefenkarte von Th. Stocks unter Mitarbeit von G. Wüst. Mit 103, meist mehrfarb. Taf. u. 1 Deckblatt . . . . **1936** **DM 109,50**

7. Bd. I. Teil. Die Gezeiten und inneren Gezeitenwellen des Atlantischen Ozeans. Ergebnisse der Strom- und Serienmessungen auf den Ankerstationen des „Meteor". Von Albert Defant. Mit 208 Abb. im Text. — XII, 318 S. . . . . **1932** **DM 61,50**

II. Teil. Ozeanographische Sonderuntersuchungen.

1. Lfg.: Stereophotogrammetrische Wellenaufnahmen. Von Arnold Schumacher. Mit 24 Textabb. u. 35 Bildern auf 16 Taf. — 86 S. . . . . . **1939** **DM 19,50**

Atlas. Mit 51 Beilagen **1938**

8. Bd. Das chemische Beobachtungsmaterial und seine Gewinnung. — Kalziumkarbonat- und Kohlensäuregehalt des Meerwassers. Erster Teil der Bearbeitung des chemischen Materials. Von Hermann Wattenberg. Mit 43 Abb. im Text, 8 Autotypien auf 2 Taf. und 27 Beilagen. — IX, 333 S. **1933**

9. Bd. Die Verteilung des Sauerstoffs und des Phosphats im Atlantischen Ozean. Zweiter Teil der Bearbeitung des chemischen Materials.

1. Lfg.: Die Verteilung des Sauerstoffs im Atlantischen Ozean. Von Hermann Wattenberg. Mit 2 farb. Beilagen u. 39 Abb. im Text — 132 S. . **1938**

Atlas. Die Verteilung des Sauerstoffs im Atlantischen Ozean. Von Hermann Wattenberg. 72, meist mehrfarb. Beilagen **1940**

10. Bd. Die biologischen Methoden und das biologische Beobachtungsmaterial der „Meteor"-Expedition. Von Ernst Hentschel. Mit 7 Abb. im Text u. 1 Kartenbeil. — VI, 274 S. **1936**

11. Bd. Allgemeine Biologie des Südatlantischen Ozeans. Von E. Hentschel. Mit 123, teilw. zweifarb. Abb. im Text u. 42 mehrf. Beilagen. — XII, 344 S. . . . . **1936** **Lfg. 1: DM 133,75** **Lfg. 2: DM 33,75**

12. Bd. I. Teil. Biologische Sonderuntersuchungen.

1. Teil: Ceratien, Corycäen, Cladoceren, Radiolarien, Plankton der Flußmündungen, Silicoflagellaten. Mit Beiträgen von Nic. Peters, Wilh. Klevenhusen, W. Ramner, Karl Meyer, Karl Thiemann, Konr. Gemeinhardt u. einem Vorwort von Ernst Hentschel. Mit 125 teilw. zweif. Abb. u. 8 Taf. — XII, 312 S. **1934**

12. Bd. II. Teil. Biologische Sonderuntersuchungen.

2. Teil: Calycophore Siphonophoren, Hydromedusen, Copepoden-Gattungen (Sapphirinas, Copilia, Miracia, Pleuromamma, Rhincalanus u. Cephalophanes), Dinophysiales. Mit Beiträgen von E. Leloup, E. Hentschel, M. E. Thiel, A. Steuer u. R. Käsler. Mit 118 Abb. im Text, 1 farb. Taf. u. 1 Beilage — IX, 236 S. **1938**

13. Bd. Biologische Sonderuntersuchungen

1. Lfg.: Die Chaetognathen-Bevölkerung des südatlantischen Ozeans. Von Max Egon Thiel. Mit 62 Abb. im Text. — 110 S. . . . . **1938** **DM 20,25**

2. Lfg.: Die Thaliaceen der Meteorexpedition **1939**

3. Lfg.: Die Appendicularien im Südatlantischen Ozean. Von H. Lohmann u. Ernst Hentschel. Mit 41 Textabb. — 90 S. . . . . **1939** **DM 16,50**

4. Lfg.: Das Netzplankton des Südatlantischen Ozeans. Eine Zusammenfassung von Ernst Hentschel. 26 Textabb. u. 1 Beilage **1941**

14. Bd. Die meteorologischen Beobachtungen. Methoden der Bordbeobachtungen, Beobachtungsmaterial und Ergebnisse. Von Erich Kuhlbrodt und J. Reger unter Mitarb. von G. Böhnecke. Mit 82 Textabb., 57 Autotypien auf 22 Taf. u. 9 teilweise transparenten Beilagen. — XVI, 392 S. . . . . **1938** **DM 45,—**

15. Bd. Die aerologischen Methoden und das aerologische Beobachtungsmaterial. Von Erich Kuhlbrodt und Josef Reger. Mit 28 Abb. im Text, Autotypien auf 20 Taf. u. mit 81 Beilagen in besonderer Mappe. — VIII, 305 S. **1933**

16. Bd. II. Teil. Der statische Aufbau der Luft über dem Südatlantischen Ozean.

1. Lfg.: Die Temperaturverhältnisse über dem Südatlantischen Ozean. Mit 56 Abb. im Text. — 63 S. **1939**

Das „Meteor"-Werk wird jetzt endgültig abgeschlossen; die noch nicht erschienenen Teile sind im Druck

WALTER DE GRUYTER & CO. / BERLIN W 35

VORMALS G. J. GÖSCHEN'SCHE VERLAGSHANDLUNG · J. GUTTENTAG, VERLAGSBUCHHANDLUNG
GEORG REIMER · KARL J. TRÜBNER · VEIT & COMP.

FSC
www.fsc.org
MIX
Papier | Fördert gute Waldnutzung
FSC® C083411

Kolibri 360 GmbH
Ferdinand-Jühlke-Straße 7
99095 Erfurt, Deutschland
produktsicherheit@kolibri360.de